Thomas Haas

Mechanische Zuverlässigkeit von gedruckten und gasförmig abgeschiedenen Schichten auf flexiblem Substrat

**Schriftenreihe
des Instituts für Angewandte Materialien**
Band 41

Karlsruher Institut für Technologie (KIT)
Institut für Angewandte Materialien (IAM)

Eine Übersicht aller bisher in dieser Schriftenreihe erschienenen
Bände finden Sie am Ende des Buches.

Mechanische Zuverlässigkeit von gedruckten und gasförmig abgeschiedenen Schichten auf flexiblem Substrat

von
Thomas Haas

Dissertation, Karlsruher Institut für Technologie (KIT)
Fakultät für Maschinenbau
Tag der mündlichen Prüfung: 18. Juni 2014

Impressum

 Scientific
Publishing

Karlsruher Institut für Technologie (KIT)
KIT Scientific Publishing
Straße am Forum 2
D-76131 Karlsruhe

KIT Scientific Publishing is a registered trademark of Karlsruhe
Institute of Technology. Reprint using the book cover is not allowed.

www.ksp.kit.edu

Print on Demand 2014

ISSN 2192-9963
ISBN 978-3-7315-0250-0
DOI   10.5445/KSP/1000042371

Mechanische Zuverlässigkeit von gedruckten und gasförmig abgeschiedenen Schichten auf flexiblem Substrat

Zur Erlangung des akademischen Grades

Doktor der Ingenieurwissenschaften

der Fakultät für Maschinenbau
Karlsruher Institut für Technologie (KIT)

genehmigte
Dissertation
von

Dipl.-Ing. **Thomas Johannes Haas**
aus Nürnberg

Tag der mündlichen Prüfung: 18.06.2014

Hauptreferent: Prof. Dr. Oliver Kraft
Korreferent: Prof. Dr. Karsten Durst

Kurzzusammenfassung

Zwei aktuelle Herausforderungen im Bereich elektronischer Bauteile sind, diese flexibel zu gestalten und zum anderen die Druckbarkeit von funktionalen Schichten zu gewährleisten. Durch die Druckbarkeit könnten die Herstellungskosten deutlich reduziert werden, da dieses Verfahren das Prozessieren großer Flächen ohne die Notwendigkeit der Anwendung eines Vakuums erlaubt. Mit flexibler Elektronik ließen sich neue Anwendungen wie z.B. biegsame Displays, Solarzellen oder Sensoren eröffnen.

Von zentraler Bedeutung in flexiblen Bauteilen sind oft Elektrodenschichten, die sowohl elektrische Leitfähigkeit als auch für manche Anwendungen optische Transparenz aufweisen müssen. Hierfür wird in dieser Arbeit das Schädigungsverhalten sowohl von ITO-Schichten als auch von linienförmig strukturierten Silberschichten (Silbergrids) geprüft und Lösungsmöglichkeiten aufgezeigt, eine Funktionalität derartiger Schichten auch unter mechanischer Belastung zu gewährleisten. Ein weiterer Schwerpunkt dieser Arbeit liegt in der mechanischen Untersuchung von gedruckten Silberschichten auf flexiblem Substrat. So wird der Effekt von Wärmebehandlungen auf die Mikrostruktur von Schichten aus nanopartikulärer Tinte analysiert und deren Auswirkung auf das Versagensverhalten beschrieben. Die besten mechanischen Zugeigenschaften liegen in dieser Versuchsreihe bei Wärmebehandlungen von 200 °C und fallen bei höheren Auslagerungstemperaturen wieder ab. Für dieses Verhalten werden mehrere Einflussfaktoren wie die Porosität, die Korngröße, die Stärke der Partikelverbindungen und die Adhäsion zwischen Schicht und Substrat diskutiert. Außerdem werden Schichten aus metallorganischen Tinten mit unterschiedlichen Schichtdicken untersucht und allgemeine Gesetzmäßigkeiten über die Rissbildung im Vergleich zu evaporierten Proben aufgestellt. Dabei wird gezeigt, dass die Mikrostruktur in gedruckten Silberschichten trotz der enthaltenen Porosität höhere mechanische Zuverlässigkeit aufweisen kann.

Die Funktionalität der unterschiedlichen Schichten auf flexiblem Substrat konnte während der Zugversuche über in-situ Messungen des elektrischen Widerstandes untersucht werden. Außerdem wurde die zyklische Schädigung in einer speziellen Biegeermüdungsmaschine sehr nah an Anwendungsbelastungen analysiert. Um zu messen, wie viel Dehnung während der Zugversuche vom Substrat in die Schichten übertragen wird, wurden zusätzlich in-situ synchrotron-basierte Versuche durchgeführt.

Inhaltsverzeichnis

1 Einleitung

Die Oberflächen in der Natur und insbesondere die des menschlichen Körpers weisen überwiegend gekrümmte und komplexe Formen auf. Die menschliche Haut und die Organe sind zudem weich, um gegenüber Stößen von außen widerstandsfähiger zu sein. Im Gegensatz dazu stehen die meisten elektronischen Komponenten, die auf starren und flachen Leiterplatten aufgebracht sind. Möchte man nun, dass elektronische Bauteile aktiv in Körperfunktionen integriert werden können, muss dieser Gegensatz aufgehoben werden. Dies betrifft beispielsweise Herzschrittmacher, bei denen die Steuerelemente um das Herz angebracht werden könnten, um sich so dem Körperaufbau besser anzupassen. Aber auch durch flexible Displays, Solarzellen oder Sensoren können neue Anwendungsfelder erschlossen werden. Solche Konzepte werden im Themengebiet der flexiblen Elektronik in der derzeitigen Forschung intensiv verfolgt. Dabei handelt es sich im Grundprinzip oft um mehrere funktionale Schichten, die auf Polymersubstrat aufgebracht werden. Eine solche Schicht ist beispielsweise die Anodenschicht, die in Bauteilen wie OLEDs sowohl elektrisch leitfähig als auch optisch transparent sein muss. Da das hierfür im Moment hauptsächlich eingesetzte Indiumzinnoxid (englisch: indium tin oxide, ITO) sehr spröde ist, sind hier besondere Strategien für die mechanische Zuverlässigkeit gefragt. Die mechanische Belastbarkeit von dünnen Filmen auf flexiblem Substrat ist auch für bestimmte Druckverfahren sehr wichtig. So wirken bei der Herstellung mit Rolle-zu-Rolle Techniken Biegespannungen auf die Schichten, die schon während der Fertigung zur Schädigung führen können. Durch Druckverfahren können physikalische oder chemische Gasphasenabscheidungsprozesse (PVD bzw. CVD), die im Vakuum durchgeführt werden müssen, ersetzt werden. Der Unterschied gegenüber solchen Verfahren ist, dass beim Drucken die Schichten flüssig über Tinten hergestellt werden. Durch das Drucken von Schichten in Rolle-zu-Rolle Techniken lassen sich zudem große Substratflächen in kurzer Zeit beschichten und so die Herstellungskosten deutlich senken. Dabei entstehen durch die flüssige Auftragung ganz eigene Mikrostrukturen, deren Einfluss auf das mechanische Verhalten noch im Detail untersucht werden muss.

Daraus motiviert sich das Ziel der vorliegenden Arbeit. Im Vergleich zu evaporierten Schichten sollen die Auswirkungen von mikrostrukturellen Unterschieden für gedruckte Silberschichten erforscht werden. Durch die Änderung des elektrischen Widerstandes sowohl im Zugversuch als auch während Biegeermüdungsexperimenten konnten Rückschlüsse auf die Rissbildung getroffen werden. Um die mechanischen Wechselwirkung im Schicht-Substrat-Verbund genauer zu untersuchen wurden auch synchrotron-basierte Messungen durchgeführt.

Die vorliegende Arbeit stellt anhand dieser Ergebnisse allgemeine Gesetzmäßigkeiten zum mechanischen Verhalten von flüssigprozessierten Schichten auf. So wurden metallorganische Tinten mit Schichtdicken zwischen 35 und 260 nm untersucht und ein Schichtdickenintervall gefunden, in dem diese erst bei höheren Dehnungen Rissentwicklung aufweisen als evaporierte Schichten. Zudem zeigten die flüssigprozessierten Schichten während der Biegeermüdungsversuche längere Lebensdauern als die evaporierten Schichten. Bei Schichten aus nanopartikulärer Tinte wurden verschiedenen Wärmebehandlungen durchgeführt und die besten Zugeigenschaften bei Auslagerungen um 200 °C gefunden. Höhere Temperaturen führten wieder zu früherer Rissentwicklung. Dieses Verhalten wird an mikrostrukturellen Parametern wie der Porosität, der Korngröße, der Stärke der Partikelverbindungen und der Adhäsion zwischen Schicht und

Substrat diskutiert. Ein weiterer Fokus wird in dieser Arbeit auf Anodenschichten gelegt. Dabei wird zum einen die Rissbildung von ITO als auch von linienförmig strukturierten Silberschichten (Silbergrids) auf verschiedenen Substraten als Alternative zu ITO mechanisch untersucht. Mittels eines eigens dafür aufgebauten Messaufbaus konnte der elektrische Widerstandsverlauf auch senkrecht zu Belastungsachse gemessen werden. Auf Grundlage dieser Messkurven wird diskutiert, wie sich Bauteile realisieren lassen können, deren Funktionalität auch bei hohen mechanischen Belastungen gewährleistet werden muss.

2 Grundlagen

2.1 Dünne Filme auf flexiblem Substrat

Bauteile für flexible Elektronik bestehen meist aus mehreren dünnen Schichten auf nachgiebigem Polymersubstrat. Zu den fundamentalen mechanischen Eigenschaften solcher Schicht-Substrat-Verbünde wurde bereits eine Reihe grundlegender Arbeiten durchgeführt.

2.1.1 Monotone Belastung

Duktile Metallschichten auf flexiblem Substrat

Dünne Metallfilme auf flexiblem Substrat zeigen ein anderes Versagensverhalten unter Zugbelastung als freistehende Schichten. Schichten, die nicht von Polymeren getragen werden, bilden unter Dehnung schnell lokalisierte Einschnürungen und versagen dadurch bereits bei wenigen Prozent Dehnung [1]. Bei Schichten auf flexiblen Substraten werden durch die Haftung auf dem Polymer Einschnürungen hinausgezögert. Erst durch lokales Ablösen der Schicht vom Substrat im Verlauf der Zugbelastung entsteht an dieser Stelle ein freistehender Film. An solchen Stellen bilden sich Einschnürungen, die letztendlich zur Rissentstehung führen. Dabei deutet viel darauf hin, dass der Prozess der Ablösung und die mit Dehnungslokalisation verbundene Bildung von Einschnürungen miteinander gekoppelt sind [2]. Durch optimale Haftung des Films am Substrat lässt sich so die Rissbildung auf über 50 % Dehnung hinauszögern [3].

Im Fokus der Forschung bei dünnen Metallschichten steht insbesondere der sogenannte Größeneffekt. Dabei geht es um den Effekt, dass die Fließspannung von Proben mit mikrostrukturellen oder dimensionalen Einschränkungen deutlich über der vom Massivmaterial ohne derartige Einschränkungen liegt [4]. Ursächlich für diesen Anstieg ist grundsätzlich immer die Behinderung von Versetzungsbewegungen und somit von plastischen Verformungsprozessen durch diese Einschränkungen. Bei mikrostrukturellen Einschränkungen wie der Korngröße kann dies u.a. durch einen Versetzungsaufstau an der Korngrenze erklärt werden. Über weite Korngrößenbereiche kann dieser Korngrenzen-Effekt dabei gemäß dem Hall-Petch-Verhalten beschrieben werden [5; 6]. Eine dimensionale Einschränkung stellt dagegen die Schichtdicke dar, wobei anzumerken ist, dass bei Korngrößen in der Größenordnung der Schichtdicke, die Korngröße von der Schichtdicke begrenzt wird und somit mikrostrukturelle und dimensionale Einschränkungen zusammenhängen. Entscheidend bei dünnen Schichten ist die Beschaffenheit der Oberfläche und der Zwischenschicht zum Substrat, die Einfluss auf die Form der Versetzungsstrukturen nehmen. Allgemein gilt jedoch, dass je kleiner die Schichtdicke ist, desto höhere Kräfte müssen aufgewendet werden um die Versetzungen durch die Schicht zu bewegen und somit plastische Verformungsprozesse zu starten [4]. Eine detaillierte Beschreibung aller Verfestigungsmechanismen in dünnen Schichten ist in [7] gegeben. Bei systematischen Untersuchungen über den Einfluss der Schichtdicke auf die Rissbildung zeigte sich bei Kupferfilmen auf flexiblem Substrat ein Übergang von interkristallinen zu transkristallinen Rissen. So bauen sich während der Zugversuche bei Schichtdicken unter 100 nm aufgrund der reduzierten Versetzungsplastizität erhöhte Spannungen in den Körnern auf, die zu spröder Rissbildung an der Korngrenze führen. Erst bei Schichtdicken über 200 nm bilden sich bevorzugt transkristalline Risse innerhalb der Körner. Diese entstehen über Mechanismen wie lokale Delamination und Verjüngung und gehen mit plastischer Verformung einher [8; 9].

Spröde Schichten auf flexiblem Substrat

Auch spröde Materialien wie ITO (siehe Kapitel 2.3.2) finden Einsatz als Schichten in flexiblen Bauteilen. Bei schlecht haftenden Schichten unter Druckspannungen sind Ablösungsprozesse der Hauptschädigungsmechanismus. Bei guter Adhäsion und Zugspannungen kommt es überwiegend zur Bildung von langen und senkrecht zur Belastungsachse verlaufenden Rissen [10]. Dabei sind bei spröden Schichten Defekte für die Rissinitiierung entscheidend. Durch das Auftreten von Zugspannung kann ein solcher Defekt zu einem Riss heranwachsen. Zu Beginn liegt die Rissgröße a in der Regel unterhalb der Schichtdicke $d_{Schicht}$ und die Rissantriebskraft kann mit folgender Gleichung beschrieben werden [11]:

$$G_{initial} = \frac{Y\sigma_x^2 a}{E_{Schicht}} \tag{2.1}$$

dabei steht σ_x für die Zugspannung in der Schicht, $E_{Schicht}$ für den E-Modul der Schicht und Y für einen dimensionslosen Geometriefaktor. Mit weiterem Rissfortschritt wird durch das Substrat die Rissöffnung behindert und die Rissantriebskraft gegenüber freistehenden Schichten reduziert. Erreicht die Risslänge ein Vielfaches der Schichtdicke nimmt die Rissantriebskraft einen Gleichgewichtszustand ein und ist nicht mehr von der Risslänge abhängig:

$$G_{konstant} = \frac{Z\sigma_x^2 d_{Schicht}}{E_{Schicht}}. \tag{2.2}$$

Z ist hierbei eine dimensionslose Zahl, die von dem Verhältnis der E-Moduln aus Schicht und Substrat abhängt [11].

Für die Rissbildung sind überwiegend Zugspannungen in den Schichten ausschlaggebend, die während des Zugversuches vom Substrat an die Schicht übertragen werden. Die Risse verlaufen meist senkrecht zur Zugrichtung und teilen die Schicht in mehrere Fragmente auf. Durch weitere Belastung der Gesamtprobe steigt die maximale Schichtspannung σ_x^0 in den Fragmenten an [12]:

$$\sigma_x^0 = \frac{E_{Schicht}\varepsilon}{1 - v_{Schicht}^2}\left(1 - v_{Schicht}v_{Substrat}\right) + \sigma_{Eigen} \qquad (2.3)$$

wobei ε für die makroskopisch aufgebrachte Dehnung und $v_{Schicht}$ bzw. $v_{Substrat}$ für die Poissonzahl der Schicht bzw des Substrates steht. Äquibiaxiale Eigenspannung σ_{Eigen} können schon vor der Zugbelastung herstellungsbedingt in der Schicht vorhanden sein. Durch Spannungserhöhungen an statistisch verteilten Defekten wird die Rissbildung lokal begünstigt; dadurch kann das Auftreten von inhomogenen Rissmustern erklärt werden. Im Modell können die Rissfragmente einzeln und unabhängig voneinander betrachtet werden, um den Spannungsverlauf und die Entwicklung der Rissverteilung zu verstehen. In Abbildung 2.1 ist der Spannungsverlauf in einem Fragment zwischen zwei Rissen skizziert. Grundlage dieser Kalkulation ist, dass in jedem Schichtelement die Zugspannungen σ_x und die Scherspannungen τ_x, die an der Zwischenschicht wirken, ein Gleichgewicht bilden [13]:

$$[(\sigma_x(x + dx) - \sigma_x(x)]d_{Schicht} = \tau_x dx \,. \qquad (2.4)$$

Durch einen Riss wird die Spannung in der Schicht lokal abgebaut. Der Abfall der Spannung senkrecht zum Riss erfolgt nach [14] mit folgender Gleichung:

$$\sigma_x(x) = \sigma_x^0 \exp\left(\frac{-|x|}{l}\right). \tag{2.5}$$

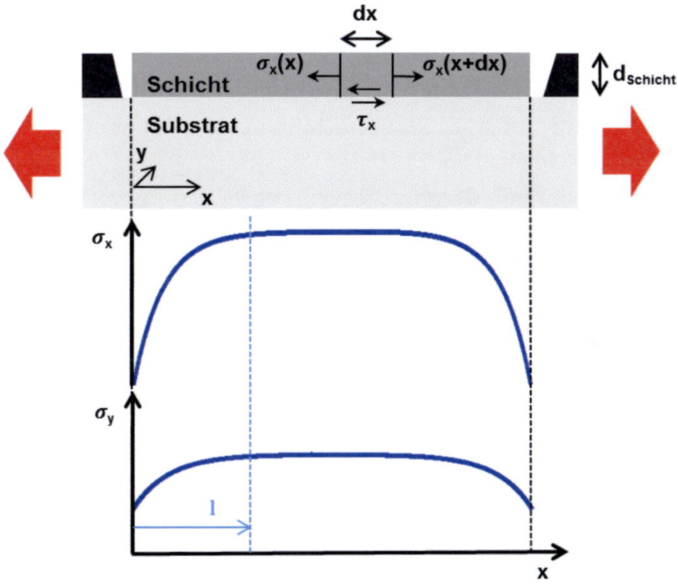

Abbildung 2.1: Spannungsverlauf innerhalb der Schicht zwischen zwei Rissen in Richtung der Belastung (σ_x) und senkrecht dazu (σ_y).

In [14] wird auch die Referenzlänge l eingeführt, die den exponentiellen Abfall der Spannung zur Rissmitte beschreibt und wie folgt definiert ist:

$$l = \frac{\pi}{2} g(\alpha, \beta) d_{\text{Schicht}}$$

(2.6)

wobei $g(\alpha, \beta)$ ein dimensionsloses Integral der Rissöffnungsverschiebung nach Beuth [15] bezeichnet. Dieses Integral hängt von den Dundur Parametern α und β ab, die den elastischen Unterschied von Schicht und Substrat charakterisieren. Ist der Film im Vergleich zum Substrat sehr steif, erreicht die Referenzlänge l ein Vielfaches der Schichtdicke. Bei im Vergleich zum Substrat sehr nachgiebigen Schichten liegt l im Bereich der Schichtdicke [14]. Bei Verwendung des E-Moduls und der Poissonzahl von dem in dieser Arbeit oft untersuchten Silber $(E_{\text{Silber}} = 71\,\text{GPa}, \upsilon_{\text{Silber}} = 0,39)$ [16] und Polyimid (PI) $(E_{\text{PI}} = 2,5\,\text{GPa}, \upsilon_{\text{PI}} = 0,34)$ [17] ergibt sich $\alpha = 0,93$, $g(\alpha, \beta) = 7,1$ [15] und somit $l \approx 11,2\, d_{\text{Schicht}}$. Aus dem Spannungsverlauf in Abbildung 2.1 wird ersichtlich, dass die Spannung und somit die Triebkraft für neue Rissbildung im Spannungsplateau zwischen den Rissen am größten ist. Mit zunehmender Dehnung erreicht die Rissdichte eine Sättigung, wenn der Rissabstand in den Bereich der zweifachen Referenzlänge l gelangt. In diesem Fall kann sich das Spannungsplateau nicht mehr voll aufbauen. Dieses Modell beruht allerdings auf der Annahme von Spannungsrelaxation durch rein spröde Rissbildung in der Schicht. Relaxationsmechanismen durch Dehnungslokalisierung [18] und Plastizität [19] in der Schicht oder der Einfluss von Substratdeformation [20] werden nicht berücksichtigt.

Die Risse zeigen auch einen Einfluss auf den Verlauf der Spannung parallel zum Rissverlauf, diese kann nach [12] in Abhängigkeit von σ_x angegeben werden:

$$\sigma_y(x) = \sigma_y^0 - \nu_{Schicht} \cdot \left(\sigma_x^0 - \sigma_x(x)\right). \tag{2.7}$$

σ_y^0 ist dabei die maximale Spannung zwischen den Rissen in y-Richtung. Aus dem Spannungsverlauf wird deutlich, dass die Risse senkrecht zur Belastungsachse Druckspannungen an den Rissenden in σ_y bewirken. Diese Druckspannungen können lokale Delamination und Rissbildung parallel zur Belastungsachse (sog. Buckling) initiieren. Hauptgrund für diese Schädigung sind allerdings die überlagernden Druckspannungen σ_y^0, die sich aufgrund der unterschiedlichen Querkontraktion von Schicht und Substrat während des Zugversuches aufbauen und mit folgender Gleichung berechnet werden können [12]:

$$\sigma_y^0 = \frac{E_{Schicht}\varepsilon}{1 - \nu_{Schicht}^2}\left(\nu_{Schicht}-\nu_{Substrat}\right) + \sigma_{Eigen}. \tag{2.8}$$

2.1.2 Zyklische Belastung

In der Anwendung unterliegen die meisten Bauteile keiner monotonen, sondern vielmehr einer zyklischen Belastung, bei der andere Schädigungsmechanismen auftreten. Durch die zyklische Belastung bilden sich im Material Ermüdungsstrukturen wie z.B. Gleitbänder, entlang derer Versetzungsbewegung erfolgt, z.B. [21].

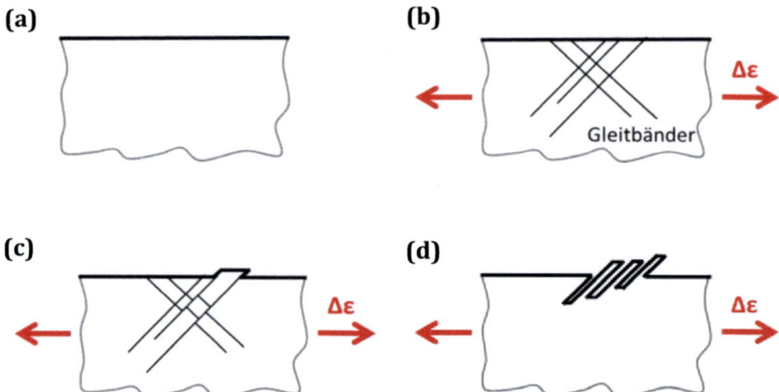

Abbildung 2.2: Bildung von Extrusionen und Intrusionen über Gleitbänder während eines Ermüdungsversuches. Die Zyklenzahl nimmt von (a) bis (d) zu.

Abbildung 2.2 zeigt, dass sich an der Probenoberfläche Stufen bilden, wenn die Gleitbänder an die Oberfläche stoßen. Diese Intrusionen und Extrusionen führen zu einer aufgerauten Oberfläche und fungieren als Kerben für Risse. Die Lebensdauer eines Bauteils kann so im Allgemeinen in Rissbildung und Risswachstum unterteilt werden.

Für die Beurteilung von Bauteilen ist wichtig, die Lebensdauer N_f bei verschiedenen Dehnungsamplituden $\frac{\Delta\varepsilon}{2}$ zu kennen. Diese Daten können in einem Diagramm, wie in Abbildung 2.3 dargestellt werden.

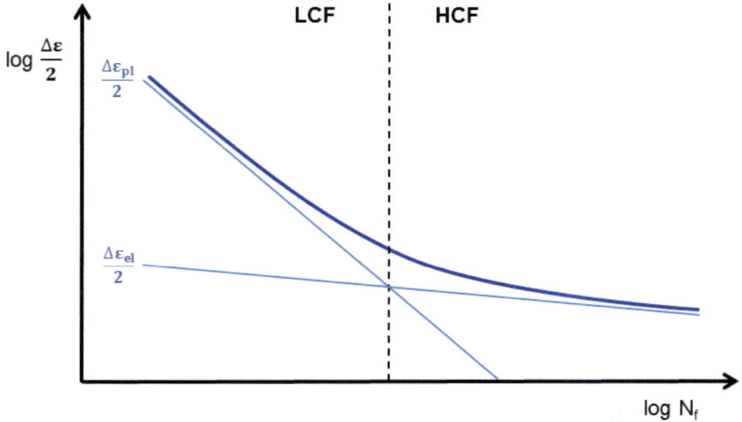

Abbildung 2.3: Allgemeiner Zusammenhang zwischen Anzahl der Zyklen zum Versagen und der Dehnungsamplitude.

Das Diagramm kann in einen LCF (Low Cycle Fatigue) und einen HCF (High Cycle Fatigue) Bereich unterteilt werden. Im LCF Bereich wird die Lebensdauer überwiegend von dem plastischen Anteil der Dehnungsamplitude bestimmt, was durch das Coffin-Manson-Gesetz beschrieben wird [22; 23]:

$$\frac{\Delta\varepsilon_{pl}}{2} = \varepsilon'_B (2N_f)^c \, . \tag{2.9}$$

Bei ε'_B dem Ermüdungsduktilitätskoeffizienten und c dem Ermüdungsduktilitätsexponenten handelt es sich um Werkstoffkenngrößen für definierte Probengeometrien. Im HCF Bereich ist der plastische Anteil der Dehnungsamplitude sehr gering, folglich wird die Lebensdauer hier vom elastischen Anteil der Dehnung kontrolliert. Das entsprechende Gesetz ist nach Basquin benannt [24]:

$$\frac{\Delta\varepsilon_{el}}{2} = \frac{\sigma'_B}{E}\,(2N_f)^b\,. \tag{2.10}$$

Die Werkstoffparameter sind hier der Ermüdungsfestigkeitskoeffizient σ'_B, der E-Modul E und der Ermüdungsfestigkeitsexponent b. Mit beiden Gleichungen in Summe kann letztendlich die Lebensdauerkurve im LCF und HCF Bereich beschrieben werden:

$$\frac{\Delta\varepsilon}{2} = \frac{\Delta\varepsilon_{pl}}{2} + \frac{\Delta\varepsilon_{el}}{2} = \varepsilon'_B(2N_f)^c + \frac{\sigma'_B}{E}\,(2N_f)^b\,. \tag{2.11}$$

Das Ermüdungsverhalten von dünnen Metallschichten auf Polymersubstrat unterscheidet sich deutlich von massiven Proben. Durch die aufgrund der kleinen Schichtdicken reduzierte Versetzungsplastizität wird die Ausbildung von Ermüdungsstrukturen unterdrückt und die Lebensdauer im Allgemeinen verlängert [25; 26]. Je kleiner die Schichtdicke ausfällt, umso weniger lassen sich nach der Ermüdung Strukturen wie Extrusionen und Intrusionen erkennen. Diese bilden sich bevorzugt lokal an Orten erhöhter plastischer Dehnung. Bei bereits eingesetzter Rissbildung sind das beispielsweise die Bereiche entlang der Rissspitzen. Mit abnehmender Schichtdicke nimmt die Lebensdauer in der Regel zu, bis bei Schichtdicken unter zirka 100 nm andere Mechanismen zum tragen kommen und keine höheren Lebensdauern mehr erzielbar sind. In dieser Größenordnung ist die Versetzungsplastizität so stark reduziert, dass sich keine Extrusionen und Intrusionen mehr bilden können. Stattdessen bauen sich in den Schichten erhöhte Spannungen auf, die zur Rissbildung an Defekten und Korngrenzen führen [27; 28]. Mit abnehmender Schichtdicke nimmt in der Regel herstellungsbedingt auch die Korngröße der Proben ab. Dies führt zu einer zusätzlichen Abnahme der Versetzungsplastizität. Der Korngrößeneffekt unabhängig vom Schichtdickeneffekt wurde in Massivproben untersucht. Dabei zeigt sich, dass feinkörnige und nanokristalline Proben im HCF Bereich längere Lebensdauern als grobkörnige Proben aufweisen. Dies ist darauf zurückzuführen, dass auch hier durch kleinere Korngrößen die Bildung von Gleitbändern und somit auch von Intrusionen und Extrusionen verzögert wird [28; 29].

2.2 Gedruckte Elektronik

In den letzten Jahren wurden vielfältige Forschungsarbeiten durchgeführt, um elektronische Bauteile wie Solarzellen, elektrooptische Geräte oder RFID-Tags über Druckverfahren herstellen zu können. Motiviert wird dies mit der Möglichkeit, auf diese Weise dünne, leichte und sehr kostengünstige Komponenten herzustellen [30]. Beim Drucken werden im Gegensatz zu herkömmlichen Methoden wie Evaporieren flüssige Tinten verarbeitet, wobei man auf kein Vakuum angewiesen ist. Im Folgenden werden einige wichtige Druckverfahren kurz zusammengefasst.

2.2.1 Druckverfahren

Beim **Inkjet-Druck** werden Tröpfchen über einen Druckkopf auf ein Substrat abgegeben. Dieses Verfahren ist kontaktlos, d.h. es findet keine Berührung zwischen dem Druckkopf und dem Substrat statt. Mit dieser Technik lassen sich digitale Zeichnungen einfach als strukturierte Beschichtung realisieren [31]. Beim

Inkjet-Druck handelt es sich um eine additive Technik, wodurch keine anschließenden Abtragungen mehr erforderlich werden. Somit können teure Materialien sehr effizient verwendet werden [30]. Problematisch sind allerdings die zur Prozessbeherrschung hohen Anforderungen an die Viskosität der Tinten, um so beispielsweise Verstopfungen des Druckerkopfes zu vermeiden. Außerdem muss das Benetzungsverhalten beherrscht werden, um homogene Schichtdicken der Tröpfchen auf dem Substrat zu erzielen [32].

Beim **Siebdruck** ist die Druckform ein Sieb, welches an den zu bedruckenden Stellen durchlässig ist. Die Tinte wird über eine Rakel durch das Sieb auf das Substrat aufgebracht [33]. Durch Siebdruck lassen sich sehr viskose Tinten verarbeiten. Zudem lassen sich im Gegensatz zu anderen Verfahren auch dickere Schichten bis 100 μm aufbringen [31].

Die Technik des **Rotationsdruckes (Rolle-zu-Rolle)** lässt sich auf Druckverfahren wie **Tief-, Offset- oder Flexodruck** anwenden, wobei jeweils Rollen das Substrat kontaktieren [34]. Auf diese Weise können in kurzer Zeit große Flächen bedruckt werden, was mit einer hohen Kostenersparnis verbunden ist. Bei Herstellung über Rolle-zu-Rolle Techniken verwendet man flexible Substrate. Zudem wirken beim Umlenken über die Rollen Biegespannungen auf die beschichteten Proben. Deswegen ist man bei der Anwendung dieser Technik für die flexible Elektronik auf Schichten mit ausreichender mechanischer Festigkeit bzw. Dehnbarkeit angewiesen.

2.2.2 Nanopartikuläre und metallorganische Tinten

Wie bereits beschrieben, kommt beim Drucken der Entwicklung von entsprechenden Tinten besondere Bedeutung zu. Erfolgt der Druckprozess auf ein flexibles Substrat, ist zu beachten, dass die Temperatur während der Wärmebehandlung deutlich unterhalb des Schmelzpunktes des Polymersubstrats liegen muss, um Substratschädigung zu vermeiden. Um deswegen Temperaturen unterhalb von zirka 160 °C für beispielsweise häufig verwendete PET-Substrate zu gewährleisten, gibt es zwei verschiedene Arten von Tinten.

Bei **nanopartikulären (NP) Tinten** sind Partikel in einer Suspension stabilisiert. Durch die Temperaturbehandlung nach dem Druckprozess wird zunächst die Organik entfernt und anschließend ein Zusammenwachsen der Partikel über Diffusion durch Sintern herbeigeführt. Je kleiner die Partikel sind, desto höher ist die Triebkraft für solche Prozesse und umso niedrigere Temperaturen sind notwendig. Bei Silberpartikeln kann durch Partikelgrößen von ungefähr 10 nm die Sintertemperatur auf 160 °C gesenkt und somit Substratschädigung durch Aufschmelzen vermieden werden [35].

Ein ganz anderer Ansatz wird bei **metallorganischen Tinten** gewählt. Diese werden nach [36] auch MOD Tinten (englisch: Metallo-Organic Deposition) genannt. Bei solchen Tinten ist beispielsweise das Silber atomar in einer Komplexverbindung gebunden, die wiederum in einem geeigneten Lösungsmittel gelöst ist [37]. Bei der Tinte handelt es sich somit um keine Suspension, sondern um eine Lösung. Nach dem Druckprozess müssen die Schichten wärmebehandelt werden. Dadurch wird die Organik ausgebrannt und das Silber ausgefällt. Es bilden sich quasi *in-situ* während der Auslagerung Nanopartikel, die anschließend wie bei den NP Tinten auch noch gesintert werden müssen [30]. Dafür sind relativ geringe Temperaturen von 150 °C ausreichend [38]. Ein weiterer Vorteil ist, dass sich die Nanopartikel erst nach dem Drucken bilden, wodurch beim Inkjet-Druck Druckkopfverstopfung vermieden wird [39]. Durch Drucken von MOD Tinten lassen sich polykristalline Schichten mit sehr kleinen Korngrößen erzielen [37]. Zudem lassen sich sehr dünne Schichtdicken bis zu 35 nm realisieren, wie in dieser Arbeit gezeigt wird.

Schichten die über Tinten hergestellt werden, weisen in der Regel prozessbedingte Restporosität auf. Auch durch organische Rückstände bildet sich bei tintenbasierten Schichten eine deutlich andere Mikrostruktur aus als bei gasförmig abgeschiedenen Schichten.

2.3 Flexible Elektronik

Herkömmliche elektronische Bauteile sind meist auf steifen Leiterplatten aufgebracht. Bei flexibler Elektronik befinden sich die elektronischen Komponenten meist auf Polymersubstraten. Bei der in der Anwendung wirkenden mechanischen Belastung, handelt es sich vorwiegend um Biegung. Je nachdem, wo sich die funktionale Schicht befindet, können dabei verschiedene Spannungsarten auftreten, wie in Abbildung 2.4 zusammengestellt.

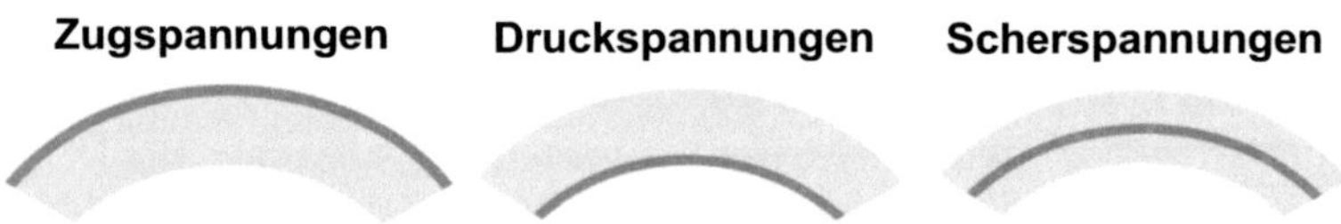

Abbildung 2.4: Spannungsarten in funktionalen Schichten auf flexiblem Substrat. Nach [10].

Problematisch ist dabei, dass Schichten, die gute elektronische Eigenschaften aufweisen, in der Regel relativ unnachgiebig sind [40]. Somit sind zur Realisierung von flexiblen Bauteilen neue

Konzepte gefragt. Dabei gibt es im Wesentlichen zwei Ansätze. Zum einen können Strukturen geschaffen werden, die besonders robust gegenüber mechanischer Belastung ausfallen. Wie in Abbildung 2.5 gezeigt, können das viele steife elektronische Komponenten sein, die über biegsame freistehende Drähte verbunden sind [41; 42]. Ein ähnlicher Ansatz wird bei strukturierten Substraten verfolgt. So wird dabei durch wellige Oberflächen [43; 44] oder in die Schicht ragende Pillars [45] die Verformbarkeit des Verbundsystems erhöht. Solche Strukturen sind meist aufwendig zu prozessieren, deshalb geht der zweite Ansatz dahin, Schichtmaterialien zu entwickeln, die hohe Dehnungen ohne Rissbildung ertragen können.

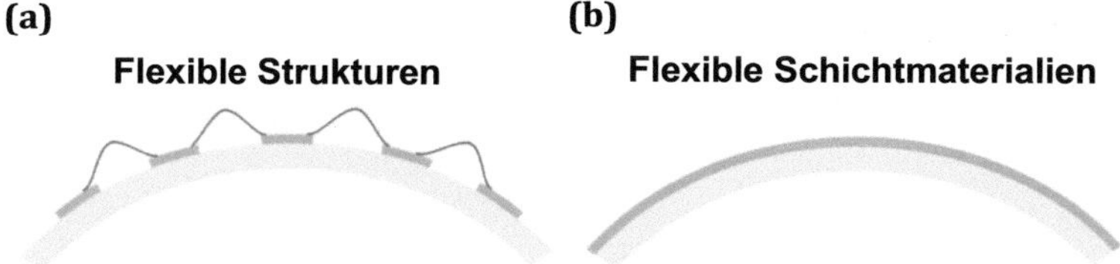

Abbildung 2.5: Ansätze zur Realisierung von flexibler Elektronik. (a) Über flexible Strukturen. (b) Über Schichtmaterialien mit hoher Dehnbarkeit.

2.3.1 Funktionale Schichten in flexiblen und elektronischen Bauteilen

Um flexible elektronische Komponenten zu verstehen, ist es sinnvoll ein einfach strukturiertes Bauteil zu betrachten. Abbildung 2.6 zeigt dafür eine LEC (Light Emitting Electrochemical Cell). OLEDs (Organic Light Emitting Diode) sind die bekannteren Varianten davon und unterscheiden sich durch weitere Zwischenschichten von der LEC, um die Effizienz zu verbessern. Das Funktionsprinzip ist aber das gleiche. So werden durch Anlegen einer elektrischen Spannung zwischen Kathode und Anode Elektronen und Elektronenlöcher erzeugt, durch deren Rekombination in der lichtemittierenden Schicht Photonen entstehen. Die Kathode besteht aus Materialien wie Silber, die vor allem hohe elektrische Leitfähigkeit aufweisen müssen. Die lichtemittierende (aktive) Schicht ist aus Polymeren wie z.B. PPV (Poly(p-phenylen-vinylen)) aufgebaut und somit bei aufgebrachten Dehnungen recht zuverlässig [46]. Die Anode als dritte funktionale Schicht muss sowohl optisch transparent als auch elektrisch leitfähig sein. Die mechanische Stabilität des Gesamtbauteils wird bestimmt durch die Schicht mit der geringsten Duktilität, wobei es sich dabei in der Regel um die Anode handelt [10]. Darum werden im Folgenden die Anodenmaterialien etwas detaillierter betrachtet.

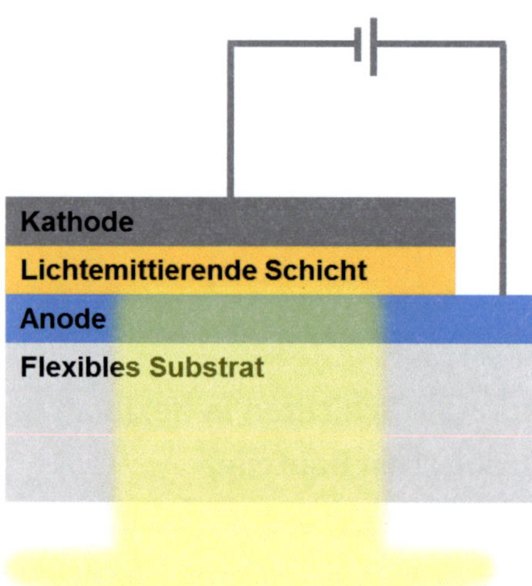

Abbildung 2.6: Aufbau und Funktionsprinzip einer LEC (Light Emitting Electrochemical Cell). Durch Anlegen einer elektrischen Spannung wird Licht erzeugt.

2.3.2 Strategien für transparente und elektrisch leitfähige Anodenschichten

Zur Beschreibung der Anwendbarkeit eines Materials als transparente und elektrisch leitfähige Anode wurde von Haacke die entscheidende Kenngröße ϕ_{TC}, die sich aus der optischen Transmission T und dem Schichtwiderstand R_s zusammensetzt, eingeführt [47]:

$$\phi_{TC} = \frac{T^{10}}{R_s}. \tag{2.12}$$

Hohe Transmissionswerte lassen sich typischerweise in **oxidischen Verbindungen** aufgrund der hohen Bandlücke erzielen. Im Gegenzug handelt es sich bei solchen Materialien aber auch um elektrische Isolatoren. Um trotzdem ausreichende Leitfähigkeit zu erzielen, muss daher eine starke Dotierung erfolgen. Im Falle von Indiumzinnoxid (ITO), dem Standardmaterial für transparente Anoden, wird Indiumoxid mit Zinn dotiert. Durch den Austausch von Indium durch Zinn-Atome wird die Ladungsträgerkonzentration und somit auch die Leitfähigkeit erhöht. Auf diese Weise lassen sich ϕ_{TC}-Werte von 0,22 Ω^{-1} erreichen [48]. Da in oxidischen Materialien die Versetzungsbewegung und somit auch die plastische Verformung stark eingeschränkt sind, sind diese meist sehr spröde, was deren Einsatz für flexible Elektronik kritisch macht.

Ein anderer Ansatz geht dahin, gut leitfähige, **sehr dünne Schichten** mit so geringen Schichtdicken aufzutragen, so dass diese Transparenz aufweisen. Um dabei aber beispielsweise bei Silberfilmen eine Transmission von 90 % zu erreichen, wie sie für die Anwendung oft erforderlich ist, muss die Schichtdicke weniger als 1 nm betragen [48]. Unterhalb von etwa 10 nm Schichtdicke steigen die Schichtwiderstände aber enorm an [49], da ab dieser

Größenordnung die an der Oberfläche gestreuten Elektronen, die effektive Leitfähigkeit signifikant erhöhen. Dadurch sind für Silber maximale ϕ_{TC}-Werte von 0,023 Ω^{-1} erzielbar [47; 48]. Durch weitere Forschung, z.B. mit Graphenschichten, könnte in der Zukunft aber ein Ersatz für ITO geschaffen werden [50; 51], oder auch mit Kohlenstoffnanoröhrchen [52] und Kohlenstoff-nanodrähten [53], die ebenfalls als Anodenmaterial eingehend untersucht werden.

In den letzten Jahren erfolgten starke Fortschritte im Bereich der **elektrisch leitfähigen Polymere**. Elektronenfluss kann hier entlang der konjugierten Doppelbindungen über delokalisierte Elektronen erfolgen [54]. Entscheidend war dabei die Erkenntnis, dass auch solche Materialien aufgrund der Peierls-Instabilität ähnlich wie Halbleiter eine Bandlücke aufweisen. Somit sind auch hier Dotierungen notwendig, allerdings im Gegensatz zu Halblei-tern durch Oxidations- bzw Reduktionsmittel [55]. Im Falle des häufig verwendeten PEDOT:PSS (Poly 3,4 ethylendioxythiophen: Polystyrolsulfonat) wird Polystyrolsulfonat als Dotierungsmittel eingesetzt. Ein großer Vorteil von leitfähigen Polymeren ist, dass sie gegenüber ITO deutlich höhere Dehnungen bis zur Rissbildung aufweisen [56]. Von Nachteil sind aber die geringere Leitfähigkeit, die schwächere Transparenz und die schlechte Stabilität gegen-über Umwelteinflüssen [48].

Als weitere Möglichkeit für transparente Anoden gibt es noch Kombinationen der bisher beschriebenen Ansätze, so wie bei **linienförmig strukturierten Silberschichten (Silbergrids)** auf elektrisch leitfähigen Polymerschichten [57; 58]. Durch die nicht ganzflächig aufgetragene Silberschicht wird die Transparenz nur lokal eingeschränkt, aber der Widerstand gegenüber einer einzelnen leitfähigen Polymerschicht deutlich gesenkt. Dabei kann sich auch ein physikalischer Lichtfang-Effekt positiv auswirken, durch den allein aufgrund der gitterartigen Struktur die Lichtabsorption zwischen den Silberlinien z.B. bei Solarzellen erhöht wird [59; 60]. Von Vorteil ist auch, dass sich solche Strukturen leicht drucken lassen [60]. Nachteilig ist jedoch die nicht glatte Oberfläche, die einen Einsatz als Bodenelektrode erschwert.

2.4 Ziele dieser Arbeit

Im Themengebiet der flexiblen und gedruckten Elektronik besteht großer Forschungsbedarf, die mechanische Zuverlässigkeit solcher Bauteile zu verstehen und zu optimieren. Hieraus wurden zwei Ansatzpunkte für den Aufbau dieser Arbeit gewählt.

In Kapitel 2.3.2 wurde die Bedeutung der mechanischen Stabilität der Anode für die Funktionalität von flexiblen Bauteilen herausgestellt. Auf längere Sicht werden hierfür weiterhin noch ITO-Schichten Anwendung finden. Daher wird in Kapitel 4 der Einfluss von Rissen auf die elektrische Leitfähigkeit von ITO-Schichten gezielt untersucht und Lösungen aufgezeigt, um einzelne Risse für die Funktionalität von Bauteilen tolerierbar zu machen. Als Alternative zum Einsatz von ITO-Schichten als Anode werden zudem Silbergrids auf verschiedenen Substraten mechanisch charakterisiert. Die Untersuchungen erfolgten sowohl im Zugversuch als auch mit Biegeermüdungsexperimenten.

Der zweite Ansatzpunkt in dieser Arbeit ergibt sich aus der Mikrostruktur, die sich in tintenbasierten Silberschichten bildet. Im Gegensatz zu evaporierten Proben weisen diese Porosität und in vielen Fällen auch organische Rückstände auf. Der Einfluss dieser Faktoren wird in Zug- und Biegeermüdungsexperimenten untersucht. Kapitel 5 beschreibt dabei im Detail den Einfluss unterschiedlicher Wärmebehandlungen auf die Mikrostruktur der aus nanopartikulärer Tinte basierenden Silberschichten sowie die daraus resultierenden variierenden mechanischen Eigenschaften. In Kapitel 6 werden Silberschichten aus metallorganischer Tinte gezielt untersucht und deren Vorzüge herausgestellt. Dabei werden in Abhängigkeit von der Schichtdicke die allgemeinen Schädigungsmechanismen im Vergleich zu evaporierten Schichten beschrieben.

3 Materialien und Methoden

3.1 Probenherstellung

3.1.1 Gesputterte ITO-Schichten auf PET-Substrat

Wenn nicht anders vermerkt, wurden die ITO-Proben aus Folien der Firma VISIONTEK SYSTEMS LTD. (Großbritannien, Produktbezeichnung: „ITOPET 50") angefertigt. Die PET-Substratdicke beträgt dabei 254 µm und der Flächenwiderstand der ITO-Schicht 50 Ω [61]. Für die elektrische Widerstandsmessung von 1 mm breiten auf dem Substrat isolierten ITO-Streifen während der Zugversuche musste die ITO-Schicht entsprechend strukturiert werden. Dies geschah mittels einer Maske, die auf der Oberfläche temporär befestigt wurde. Anschließend wurde über reaktives Ionenätzen (Firma Oxford Instruments, Großbritannien, Modellbezeichnung: „Plasmalab 80Plus") das ITO außerhalb der Maske abgetragen. Um zu starke thermische Erhitzung zu vermeiden, wurden fünf Abtragungsintervalle von 3 min mit jeweils 3 min Unterbrechung durchgeführt. Die anschließende Aufbringung der Silberelektroden wird in Kapitel 3.2.1 (Kontaktierung über aufgesputterte Elektroden) beschrieben.

3.1.2 Linienförmig strukturierte Silberschichten (Silbergrids)

Die Silbergrids wurden mittels eines Aerosol Jet Druckers der Firma OPTOMEC (USA, Modellbezeichnung: „Aerosol Jet 300 Systems") am InnovationLab in Heidelberg gedruckt. Bei dieser

Methode wird die Tinte über Ultraschall in ein Aerosol mit Tropfendurchmessern zwischen 1 und 5 µm zerstäubt [62]. Das Aerosol wird anschließend über ein ringförmig umströmendes Sheathgas fokussiert und durch eine Düse mit 100 µm Durchmesser aufs Substrat gedruckt. Die Druckgeschwindigkeit wurde auf 10 mm/s eingestellt. Dabei betrug der Gasdurchfluss des Zerstäubers 15 sccm und der des Sheathgas 44 sccm. Verwendet wurde eine metallorganische Silbertinte der Firma InkTec Co. Ltd. (Südkorea, Produktbezeichnung: „TEC-PR-010"), die im Verhältnis 1:1 mit Ethanol vermischt wurde. Das gedruckte Design ist in Abbildung 3.1 gezeigt. Die Probenbreite betrug 4 mm und die Gesamtlänge für die Zugversuche 25 bzw. für die Biegeermüdungsversuche 60 mm. Der Abstand der horizontalen Silberlinien wurde auf 200 µm eingestellt. Alle 10 mm wurden zusätzlich vertikal verlaufende Linien gedruckt.

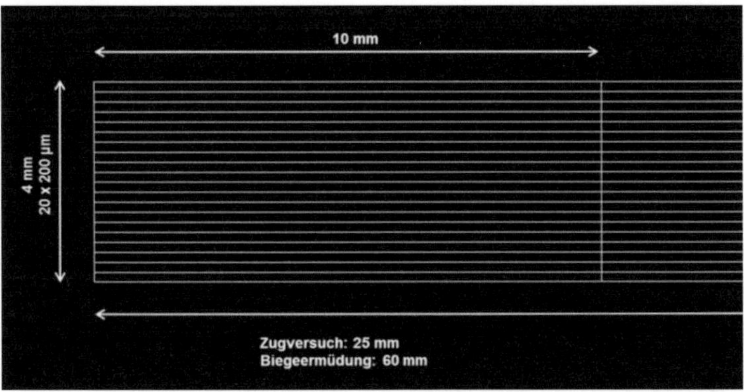

Abbildung 3.1: Design der gedruckten Silbergrids.

Die Schichten wurden auf blankes PET-Substrat und auf PET-Substrat mit ITO- oder PEDOT:PSS-Zwischenschicht gedruckt. Als blankes Substrat wurde 175 µm dickes PET-Substrat der Firma Mitsubishi Polyester Film GmbH (Deutschland, Produktbezeichnung: „Hostaphan® GN") verwendet. Für die Proben mit ITO-Zwischenschicht wurden die Folien aus Kapitel 3.1.1 der Firma VISIONTEK SYSTEMS LTD. (Großbritannien, Produktbezeichnung: „ITOPET 50") verwendet. Die PEDOT:PSS-Zwischenschicht aus Tinte der Firma Heraeus Precious Metals GmbH & Co. KG (Deutschland, Produktbezeichnung: „CLEVIOS™ PH 1000") wurde auf die PET-Substrate, die auch ohne Zwischenschicht bedruckt wurden, mit einer Geschwindigkeit von 40 mm/s gerakelt. Der Rakelabstand zum Substrat wurde auf 250 µm eingestellt. Nach dem Druckprozess wurden alle Proben einer Wärmebehandlung von 120 °C für 10 min in einem Konvektionsofen ausgesetzt.

3.1.3 Silberschichten aus nanopartikulärer (NP) Tinte

Die Silberschichten aus NP Tinte wurden am IAM-WPT (Institut für Angewandte Materialien - Werkstoffprozesstechnik) am KIT hergestellt. Dabei wurde auf 125 µm dickes Polyimid (PI)-Substrat der Firma DuPont (USA, Produktbezeichnung: „Kapton® 500HN") gedruckt, einer Polymerfolie, bei der bei Wärmebehandlungs-temperaturen bis 350 °C keine Substratschädigung eintritt. Bei der Tinte handelte es sich um eine NP Tinte der Firma Sun Chemical Corporation (USA, Produktbezeichnung: „EMD5603"). Gedruckt wurde bei einem Tröpfchenabstand von 80 µm und einer Druckfrequenz von 500 Hz mit einem Inkjet-Drucker der Firma Microdrop Technologies GmbH (Deutschland, Modell-bezeichnung: „Autodrop Professional Positioning System"), wobei der Düsendurchmesser 70 µm betrug. Dabei war das Substrat kontinuierlich über die Probenplattform auf 110 °C erwärmt. Nach der Trocknung wurden die Proben in einem Konvektionsofen unterschiedlichen Wärmebehandlungen zwischen 150 und 350 °C ausgesetzt. Die Schichtdicke betrug für alle Proben etwa 800 nm.

3.1.4 Silberschichten aus metallorganischer (MOD) Tinte

Die Silberschichten aus MOD Tinte wurden am LTI (Lichttechnisches Institut) am KIT hergestellt. Dabei wurden 125 µm dicke Substrate der Firma Mitsubishi Polyester Film GmbH (Deutschland, Produktbezeichnung: „Hostaphan® GN") zuerst für jeweils 15 min im Ultraschallbad mit Aceton und anschließend mit Isopropanol gereinigt. Danach wurde mittels einer Rakel die MOD Tinte der Firma InkTec Co. Ltd. (Südkorea, Produktbezeichnung: „TEC-PR-010"), der gleichen Tinte wie für die Silbergrids, aufgetragen. Die Wärmebehandlung erfolgte 15 min auf einer Heizplatte bei 150 °C. Die Schichtdicken wurden über ein Profilometer ermittelt und betrugen zwischen 35 und 260 nm.

3.1.5 Evaporierte Silberschichten

Die evaporierten Schichten als Referenz zu den aus MOD Tinte hergestellten Proben wurden ebenfalls auf 125 µm dicke Substrate der Firma Mitsubishi Polyester Film GmbH (Deutschland, Produktbezeichnung: „Hostaphan® GN") abgeschieden. Dabei erfolgte zuvor im Ultraschallbad die gleiche Reinigungsprozedur wie beim Referenzmaterial. Das Evaporieren wurde bei einem Druck von 1×10^{-6} mBar und einer Depositionsrate von 15 nm/s durchgeführt. Die Schichtdicken wurden zwischen 35 nm und 240 nm variiert. Die Herstellung erfolgte ebenfalls am LTI.

Die evaporierte Silberschicht als Referenzmaterial zu den gedruckten Schichten aus NP Tinte wurde wie die gedruckten Schichten auf PI-Substrat der Firma DuPont (USA,

Produktbezeichnung: „Kapton® 500HN") bei einem Druck von $6{,}7 \times 10^{-6}$ mBar und einer Depositionsrate von 25 nm/s aufgedampft. Die Schichtdicke wurde auf 800 nm eingestellt. Die Herstellung erfolgte an der Seoul National University in Südkorea.

3.2 Zugversuch

3.2.1 *In-situ* Widerstandsmessung

Für die Zugversuche wurde eine Zugmaschine der Firma Kammrath & Weiss GmbH (Deutschland, Modellbezeichnung: „Zug-/Druckmodul 10 kN MZ.Mb") benutzt. Für die *in-situ* Widerstandsmessung wurden zwei verschiedene Kontaktierungsmethoden angewendet.

Klemmenkontaktierung

Für Silberschichten war eine einfache Kontaktierungsmethode erforderlich, die zudem für Dehnungen bis über 50 % problemlos betrieben werden kann. Dies wurde über eine Klemmenkontaktierung gewährleistet. Die dafür angefertigten Klemmen sind in Abbildung 3.2 (a) und (b) gezeigt. Eine Klemme besteht aus zwei Kupferstempeln, die in einen Messinghalter eingefasst sind. Durch Kunststoffkleber wurden die Bauteile gegeneinander elektrisch isoliert. Über den großen Stempel wurde ein konstanter Strom angelegt und über den kleinen Stempel die Spannung gemessen. Die Stempel wurden über Bananenstecker mit einer Stromquelle (Keithley 6220) bzw. einem Nanovoltmeter (Keithley 2182A) verbunden. Durch die Trennung der Anschlüsse in Stromquelle und Spannungsmessung im 4-Punkt-Modus wird der Einfluss von Kontaktwiderständen reduziert. In Abbildung 3.2 (c) wird die Messung im 2- und 4-Punkt-Modus anhand einer evaporierten Silberschicht auf

PI-Substrat verglichen. Dadurch, dass sich der Kontaktwiderstand während des Zugversuchs leicht verändert, erfolgt der Widerstandsanstieg im 2-Punktmodus deutlich ungleichmäßiger und unvorteilhaft für präzise Messungen.

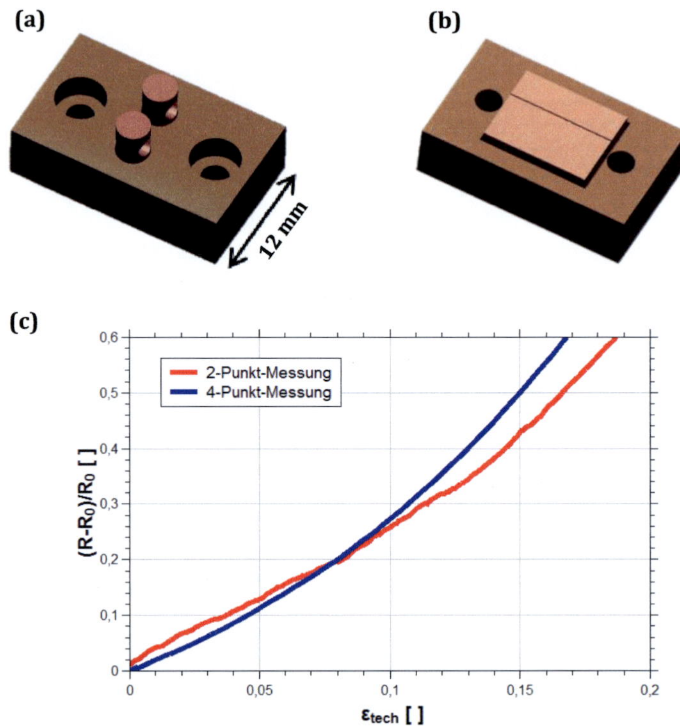

Abbildung 3.2: (a) Oberseite der Klemme zur elektrischen Kontaktierung der Proben während der Zugversuche. (b) Unterseite der Klemme. (c) Vergleich des elektrischen Widerstandsverhalten einer evaporierten Silberschicht auf PI-Substrat zwischen 2-Punkt und 4-Punkt Messung. Die 4-Punkt Kurve verläuft gleichmäßiger.

In Abbildung 3.3 ist die Versuchsanordnung mit den 4-Punkt-Klemmen dargestellt. Die Proben für diese Versuche wurden immer auf 25 mm Länge und 4 mm Breite zurechtgeschnitten. Die Ausgangslänge l_0 der Proben zwischen den beiden Klemmen betrug 8 mm. Die Dehnung wurde über den Maschinenweg berechnet und die Belastungsgeschwindigkeit auf 2 µm/s eingestellt. Über die Software LabVIEW und mittels eines selbstentwickelten Programms wurde alle 3 Sekunden eine elektrische Spannungsmessung durchgeführt.

Abbildung 3.3: Zugmaschine mit *in-situ* elektrischer Widerstandsmessung im 4-Punkt-Modus über Klemmenkontaktierung. Während des Versuchs konnte die Probe mittels eines Lichtmikroskops optisch beobachtet werden.

Durch die *in-situ* Widerstandsmessungen konnte während des Zugversuches Schädigung durch Rissbildung in den Schichten nachgewiesen werden. Um dies messen zu können, ist zunächst eine theoretische Betrachtung des Widerstandsanstiegs ohne Rissbildung notwendig. Wie in Abbildung 3.4 und Gleichung (3.1) gezeigt, hängt der Ausgangswiderstand von der Ausgangslänge l_0, dem Ausgangsquerschnitt A_0 sowie dem spezifischen Widerstand ρ_0 ab

$$R_0 = \rho_0 \frac{l_0}{A_0}.\tag{3.1}$$

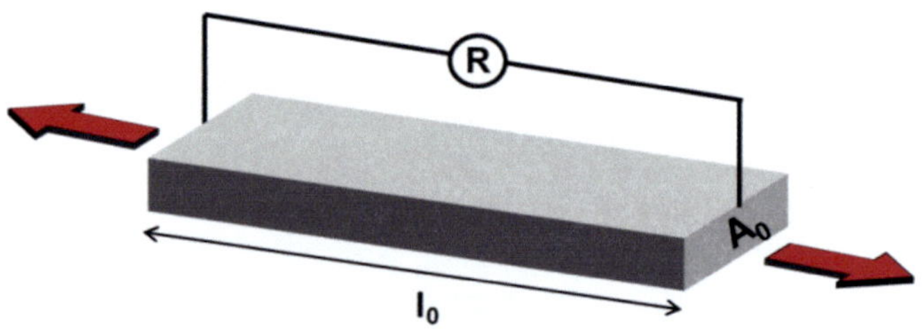

Abbildung 3.4: Theoretische Betrachtung des elektrischen Widerstandes einer Silberschicht. Durch die roten Pfeile wird die Zugachse markiert.

Sofern keine Rissschädigung eintritt wird davon ausgegangen, dass unter Zugbelastung der spezifische Widerstand ($\rho = \rho_0$) und das Schichtvolumen ($A\,l = A_0 l_0$) konstant bleiben. Unter diesen Annahmen ergibt sich für den Anstieg des relativen Widerstandes bei Dehnung der Schicht auf eine Länge l folgende Gleichung:

$$\frac{R}{R_0} = \left(\frac{l}{l_0}\right)^2.\tag{3.2}$$

Durch Normierung des relativen Widerstandes auf 0 im unbelasteten Zustand und Verwendung der technischen Dehnung $\varepsilon_{tech} = \frac{l-l_0}{l_0}$ ergibt sich:

$$\frac{R - R_0}{R_0} = 2\varepsilon_{tech} + \varepsilon_{tech}^2 \, . \tag{3.3}$$

Dass dieser Ausdruck den Widerstandsanstieg ohne Rissbildung sehr gut beschreibt, wurde u.a. in [3] bereits gezeigt. Auch in dieser Arbeit kann beispielsweise an einer Silberschicht aus nanopartikulärer Tinte auf PET-Substrat in Abbildung 3.5 verdeutlicht werden, dass der Anstieg zu Beginn des Zugversuches gemäß dieser Gleichung erfolgt.

Sobald Rissbildung auftritt, weicht die Kurve von dem durch Gleichung (3.3) beschriebenen Verlauf ab. Ein Abweichen von mehr als 5 % wurde dabei als Versagenskriterium definiert. Die Dehnung an diesem Punkt wird als Versagensdehnung ε_f bezeichnet. Der weitere Verlauf der Kurve kann mit einer Exponentialfunktion der Form

$$y = a - \left(b \cdot \exp\left(\frac{-x}{c}\right) \right) \tag{3.4}$$

und den Fitparametern a, b und c angenähert werden. Ab 40 % Dehnung ist zu erkennen, dass die Widerstandskurve von diesem exponentiellen Verlauf abweicht. Dies ist durch einen weiteren Schädigungsmechanismus zu erklären, dem sogenannten Buckling.

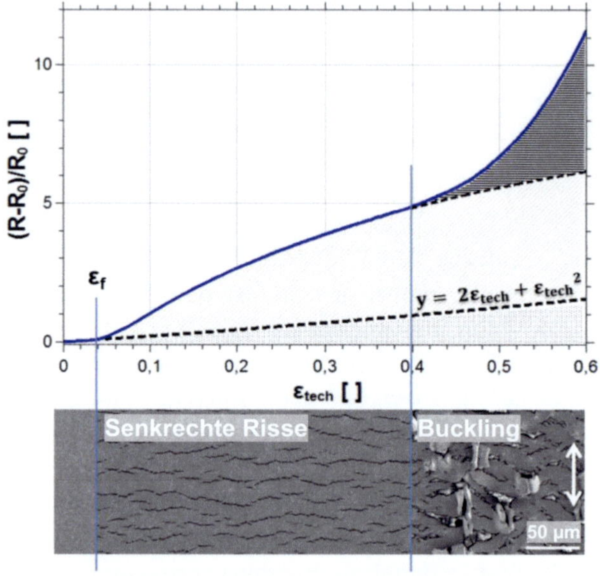

Abbildung 3.5: Elektrischer Widerstandsverlauf mit zunehmender Dehnung am Beispiel einer Silberschicht aus nanopartikulärer Tinte auf PET-Substrat. Durch den Kurvenverlauf kann auf Rissbildung senkrecht und parallel (Buckling) zur Belastungsachse geschlossen werden. Illustriert wird dies durch REM-Bilder während eines Zugversuches.

Kontaktierung über aufgesputterte Elektroden

Bei den ITO beschichteten Proben wurde überwiegend nicht mit der Klemmenkontaktierung gearbeitet. Für eine präzisere Messung sollte der Widerstand einer kleinen Probenfläche gemessen werden. Dazu wurde mittels einer 3″ Magnetronsputteranlage und einer Maske Silberelektroden auf die ITO-Linien aufgebracht. Die Silberdicke wurde dabei auf zirka 100 nm eingestellt. Das Maskendesign ist in Abbildung 3.6 gezeigt und orientiert sich an [63].

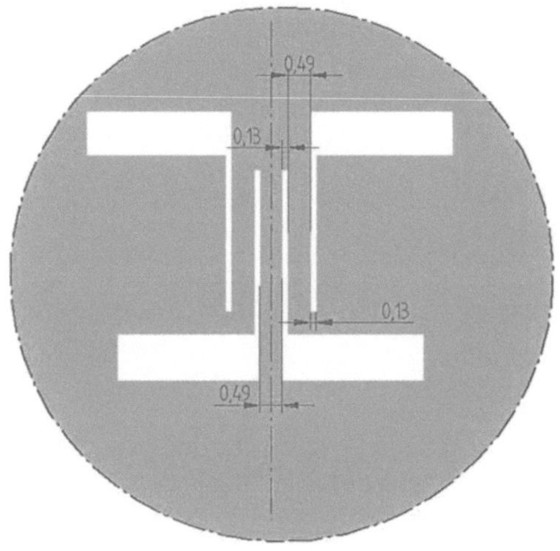

Abbildung 3.6: Maskendesign zum Aufsputtern der Silberelektroden mit relevanten Maßangaben in mm. Der Gesamtabstand zwischen den beiden äußeren Elektroden wurde auf 2 mm ausgelegt.

An die Elektroden wurden anschließend Kupferdrähte mit einem Zweikomponenten-Silberleitkleber (ITW Chemtronics, USA, Produktbezeichnung: „Conductive Epoxy CW2400") aufgebracht. Zur weiteren Stabilisierung der Klebestelle wurde diese noch mit einem Kunststoffklebstoff verstärkt. Die Kupferdrähte wurden mit einem Schnellverschluss-Stecker kontaktiert und die äußeren Drähte an eine Stromquelle (Keithley 6220) und die inneren an ein Spannungsmessgerät (Keithley 2182A) angeschlossen. Die Steuerung der Messung erfolgte wie bei der Klemmen-kontaktierung mittels LabVIEW.

Ein weiterer Vorteil dieser Methode ist, dass auch Messungen des elektrischen Widerstands senkrecht zur Zugachse möglich sind, wie in Abbildung 3.7 gezeigt wird.

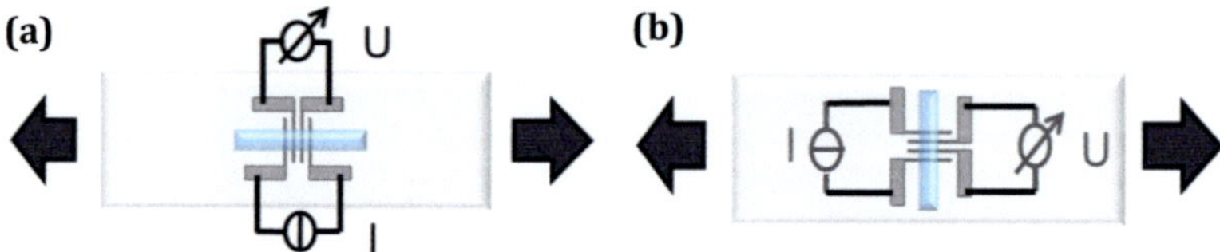

Abbildung 3.7: Messanordnung zur *in-situ* Widerstandsmessung von ITO-Schichten während des Zugversuches. (a) Messung parallel zur Belastungsachse. (b) Messung senkrecht dazu.

Die ITO-Schicht wurde während der Versuche mittels eines Lichtmikroskops zwischen den beiden inneren Elektroden optisch beobachtet. Auf diese Weise konnte die Anzahl der Risse bestimmt und dem Widerstandsanstieg direkt zugeordnet werden. Außerdem konnte die wahre Dehnung lokal im Messbereich mittels optischer Bildkorrelation (Digital Image Correlation) bestimmt werden. Dazu wurde der Matlab-Code aus [64] verwendet.

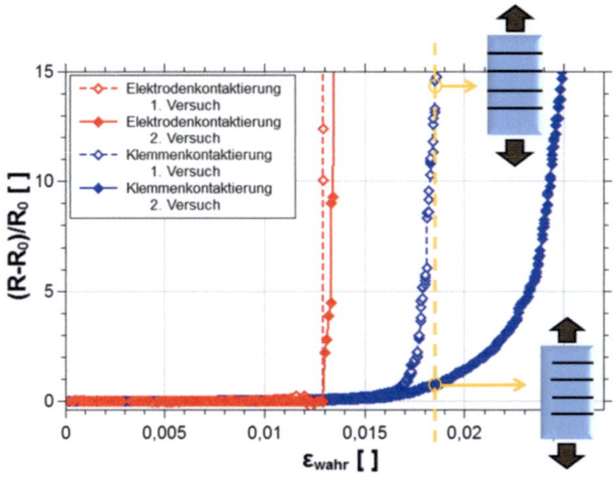

Abbildung 3.8: Normalisierter elektrischer Widerstandsverlauf einer ITO-Schicht mittels Klemmen- und Elektrodenkontaktierung gemessen. Es sind jeweils zwei gleiche Versuche aufgetragen. Die verwendete Probe wurde aus Folien der Firma Sigma-Aldrich Co. LLC. (USA, Produktbezeichnung: „639303") gefertigt.

In Abbildung 3.8 werden die beiden Methoden Elektroden- und Klemmenkontaktierung anhand jeweils zweier Messkurven der gleichen ITO beschichteten Proben verglichen. Dabei zeigt sich, dass die Elektrodenkontaktierung zu einem viel deutlicheren Anstieg führt, obgleich die Rissbildung bei beiden Methoden bei 1,3 % Dehnung einsetzt. Grund dafür ist, dass die Risse bei Kontaktierung über Elektroden deutlich schneller die gesamte ITO-Linie durchqueren als bei der Klemmenkontaktierung, wo die ITO-Schicht mit 4 mm deutlich breiter ist. Durch nicht kontrollierbare Unterschiede bei der Einspannung erfolgt der Anstieg bei wiederholter Messung an einer gleichen Probe nicht einheitlich. Beim zweiten Versuch führt ein stärkerer

Spannungsgradient senkrecht zur Zugbelastung dazu, dass die Risse erst bei leicht höheren Dehnungen die gesamte Probenbreite passieren. Dass die Risse nicht unmittelbar über die gesamte Probenbreite verlaufen und am Rand der Probe stoppen können, wurde bei *in-situ* REM-Versuchen (siehe Kapitel 3.2.2) optisch nachgewiesen, wie in Abbildung 3.9 gezeigt ist.

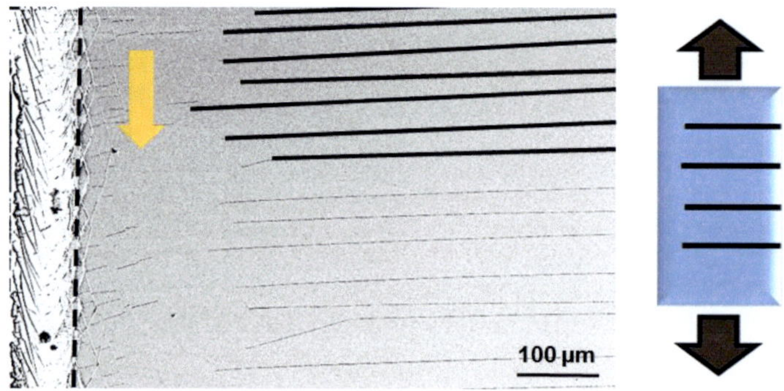

Abbildung 3.9: ITO beschichtetes PET-Substrat der Firma Sigma-Aldrich Co. LLC. (USA, Produktbezeichnung: „639303") bei 2 % Dehnung im REM betrachtet. Durch einen leichten Spannungsgradienten senkrecht zur Belastungsachse verlaufen die Risse im ITO nicht sofort über die gesamte Probenbreite. Dadurch verbleibt ein elektrischer Leitungspfad.

Die Vorteile der Elektrodenkontaktierung gegenüber der Klemmenkontaktierung für ITO-Schichten sind im Folgenden nochmal kurz zusammengefasst:

- Messung des elektrischen Widerstandes auch senkrecht zur Belastungsachse möglich,

- durch die kleinere Breite der ITO-Schicht verlaufen die Risse schneller über die gesamte Probenbreite und lassen sich so besser detektieren,

- dadurch, dass der Messbereich in der Probenmitte angeordnet ist, kann eher ein homogenes Spannungsfeld vorausgesetzt werden,

- durch den kleineren Messbereich wird die optische Rissdetektion in diesem erleichtert,

- die Risse können dadurch direkt dem elektrischen Widerstandsanstieg zugeordnet werden,

- genauere Dehnungsmessung über optische Bildkorrelation innerhalb des kleineren Messbereiches.

3.2.2 *In-situ* Zugversuche im REM

Für die *in-situ* Zugversuche im REM wurde eine spezielle Zugapparatur konstruiert. Diese musste leichter und kompakter sein als die Zugmaschine aus Kapitel 3.2.1. Dafür wurde ein vakuumtauglicher Lineartisch der Firma PI GmbH & Co. KG (Deutschland, Modellbezeichnung: "M-112.1VG") mittels entsprechender diamantbeschichteter Klemmen und weiterer Komponenten zur Zugmaschine aufgerüstet. Der Aufbau ist in Abbildung 3.10 dargestellt. Die Proben wurden für diese Versuche auf 20 mm Länge und 1 mm Breite zurechtgeschnitten. Die Ausgangslänge der Proben zwischen den beiden Klemmen l_0 betrug 8,2 mm. Die Dehnung wurde über den Maschinenweg berechnet und über die Software der Firma PI eingestellt.

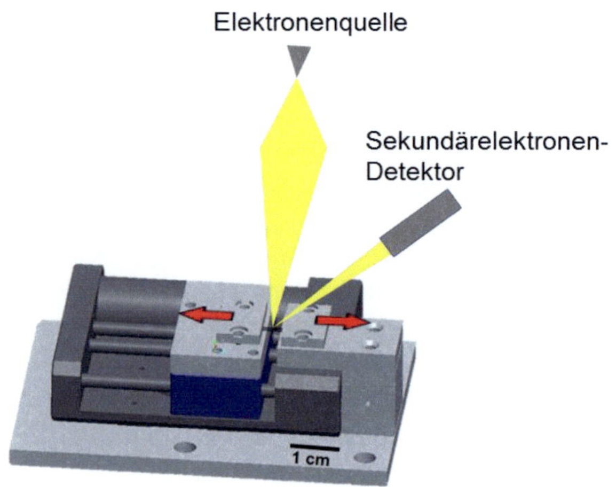

Abbildung 3.10: CAD-Darstellung des zur Zugmaschine aufgerüsteten Lineartisches der Firma PI für *in-situ* REM-Untersuchungen.

3.3 Biegeermüdung

Die Biegeermüdungsversuche wurden durchgeführt, um Belastungen möglichst ähnlich denen bei Anwendung von flexibler Elektronik zu simulieren. Dabei kann an Auf- und Abrollbewegungen z.B. von flexiblen Displays gedacht werden. Außerdem treten derartige Belastungen bei der Herstellung von gedruckter Elektronik bei Rolle-zu-Rolle Techniken auf, wobei die bedruckten Substrate mehrmals durch den Umlauf um Rollen gebogen werden.

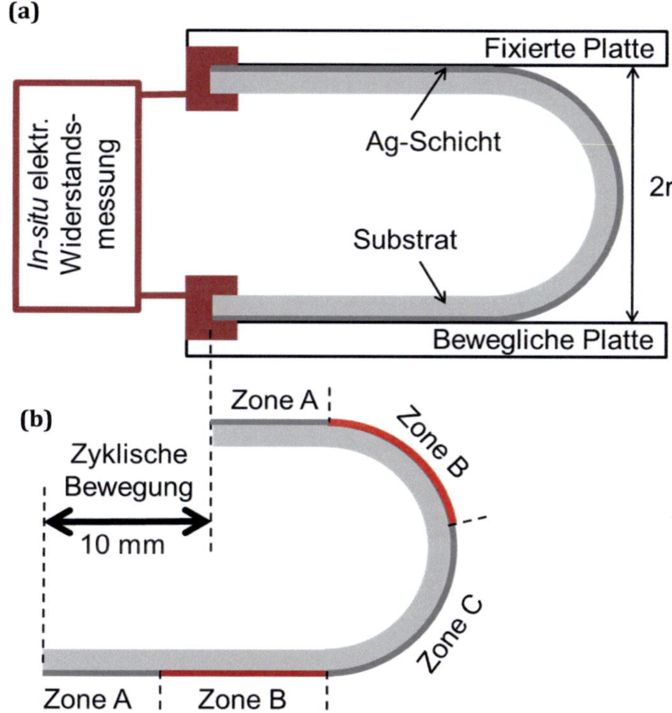

Abbildung 3.11: Schematische Darstellung des Versuchsverfahrens der Biegeermüdungsmaschine. (a) Im Ausganszustand. (b) Im vollausgefahrenem Zustand. Dadurch lassen sich verschiedene Zonen auf der Probenoberfläche zuordnen: die undeformierten Zonen A, die ermüdeten Zonen B und die kontinuierlich gebogene Zone C, nach [65].

Für die Biegeermüdungsversuche wurde die gleiche Apparatur wie in [65; 66] verwendet. Die Maschine wurde von der Firma CK TRADING Co. (Südkorea, Modellbezeichnung: „CK-770FET") hergestellt. Das Versuchsverfahren ist in Abbildung 3.11 dargestellt. Die beschichtete Probe wurde dabei zwischen zwei

Platten eingespannt, so dass die Schicht nach außen gerichtet war. Während des Ermüdungsversuchs wurde die untere Platte bei einer Frequenz von 5 Hz 10 mm durch einen Exzenter linear hin und her bewegt, während die obere Platte fixiert blieb. Durch die zyklische Linearbewegung der unteren Platte ergeben sich drei verschiedene Arten von Deformationszonen: zwei undeformierte, zwei ermüdete und eine kontinuierlich gebogene Zone, wie in Abbildung 3.11 (b) skizziert ist. Schädigung erfolgt nur in den ermüdeten Zonen durch den zyklischen Auf- und Abrollprozess. Eine detailliertere Beschreibung und eine Modellierung, welche Spannungszustände in den Schichten in Abhängigkeit vom Plattenabstand auftreten können, findet sich in [65]. In den ermüdungsgeschädigten Zonen der Schicht wirkt dabei eine Dehnungsschwingbreite $\Delta\varepsilon$, die vom Plattenabstand $2r$ und der Dicke aus Schicht d_{Schicht} und Substrat d_{Sub} abhängt:

$$\Delta\varepsilon = (d_{\text{Schicht}} + d_{\text{Sub}})/2r. \tag{3.5}$$

Durch Variation des Plattenabstands konnten so verschiedene Dehnungsschwingbreiten für ein Probensystem getestet werden. Während der Versuche wurde der elektrische Widerstand *in-situ* über eine 2-Punkt-Kontaktierung gemessen (Agilent 34410A, Keithley 7007), um die Entstehung von Rissen detektieren zu können, wobei die Ansteuerung der Messgeräte über LabVIEW erfolgte. Die Proben waren dabei auf 60 mm Länge und 4 mm Breite zurechtgeschnitten. Während eines Versuchs konnten drei Proben parallel ermüdet werden, wie in Abbildung 3.12 gezeigt ist.

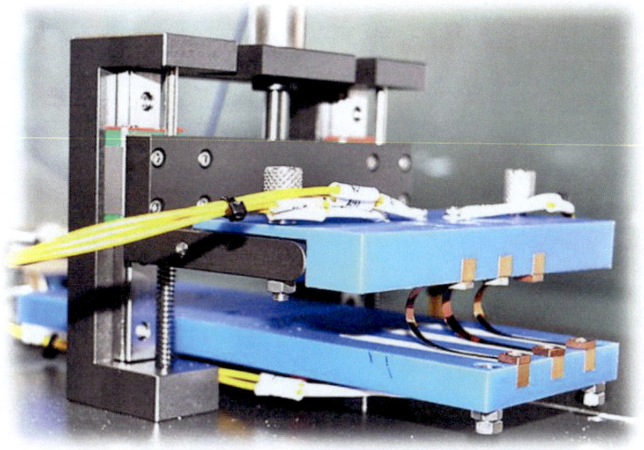

Abbildung 3.12: Biegeermüdungsmaschine mit drei parallel eingespannten Proben. Über eine Mikrometerschraube kann der Plattenabstand eingestellt werden.

3.4 Synchrotron-basierte Messungen

Im Synchrotron erzeugte Röntgenstrahlen weisen gegenüber herkömmlichen Strahlen aus Röntgenröhren hohe Intensität und Brillanz auf. Außerdem lässt sich die Wellenlänge variabel einstellen. Dadurch eignen sich synchrotron-basierte Messungen der Gitterdehnung insbesondere für *in-situ* Zugversuche an dünnen Filmen auf Polymersubstrat [67]. Die Messungen in dieser Arbeit wurden an der MS04 Beamline der Swiss Light Source (SLS, Villigen, Schweiz) durchgeführt. Es werden die gleiche Methodik und Auswerteroutine verwendet, die in [67; 68] beschrieben werden und auf den Arbeiten in [69] beruhen. Die Messanordnung ist in Abbildung 3 13 gezeigt.

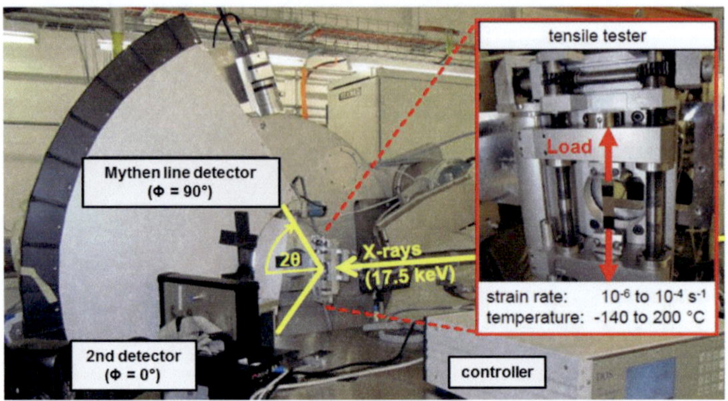

Abbildung 3.13: Synchrotronmessanordnung in Transmissionsgeometrie bestehend aus einer Zugmaschine und zwei Detektoren. Die Belastungsachse der Zugmaschine war senkrecht zum Röntgenstrahl ausgerichtet.

Der Röntgenstrahl mit einer Wellenlänge λ von 0,71 Å trifft dabei senkrecht auf das mit Silber beschichtete Polymersubstrat. Die Strahlen werden an der Silberschicht in Transmission gebeugt und das resultierende Beugungsbild wird anschließend mit zwei Detektoren parallel und senkrecht zur Belastungsachse aufgenommen. Ein Beugungsbild ist beispielsweise in Abbildung 5.7 gezeigt. Die Position der Maxima folgt dabei der Bragg-Gleichung,

$$\lambda = 2d_{hkl} \sin \Theta_{hkl} \qquad (3.6)$$

die einen Zusammenhang zwischen Netzebenenabstand d_{hkl} und Bragg-Winkel Θ_{hkl} herstellt. (hkl) stehen dabei für die Millerschen Indizes der beugenden Ebenen.

3.4.1 Bestimmung der Gitterdehnung

Die Experimente am Synchrotron wurden durchgeführt, um direkt zu messen, welche Änderungen der Gitterdehnungen während der Zugversuche in den Silberschichten auftreten. Die Gitterdehnung ε_{hkl} beschreibt dabei das Verhältnis aus Netzebenenabstand im unbelasteten d_{hkl}^0 und belasteten Zustand d_{hkl}^ε der Probe:

$$\varepsilon_{hkl} = \frac{d_{hkl}^\varepsilon - d_{hkl}^0}{d_{hkl}^0}. \tag{3.7}$$

Wie in Abbildung 3.14 skizziert, verändert sich der Bragg-Winkel der Reflexe auf dem Detektor, sobald die Probe belastet wird. Durch Verwendung des Bragg-Winkels im unbelasteten θ_{hkl}^0 und belasteten Zustand θ_{hkl}^ε sowie den Gleichungen (3.6) und (3.7), kann direkt die Gitterdehnung berechnet werden:

$$\varepsilon_{hkl} = \frac{\sin \Theta_{hkl}^0}{\sin \Theta_{hkl}^\varepsilon} - 1. \tag{3.8}$$

Mit einem Detektor, der parallel zu Belastungsachse ausgerichtet war ($\Phi = 90°$), wurde die Gitterdehnung in Richtung der Belastung gemessen. Ein zweiter Detektor befand sich in einem Winkel von 90° ausgerichtet ($\Phi = 0°$). Durch diesen wurde die Gitterdehnung senkrecht zur Belastung bestimmt.

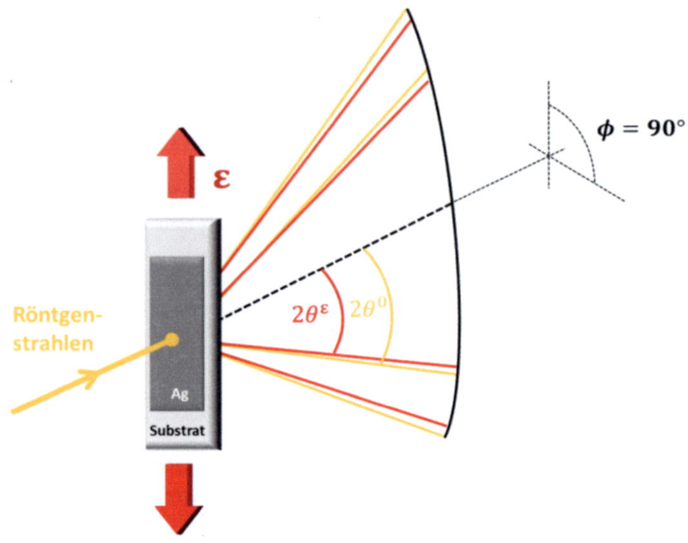

Abbildung 3.14: Beugung eines Röntgenstrahls an einer Silberschicht. Durch die Zugbelastung der Probe verändert sich der Bragg-Winkel der Reflexe. Aus dieser Verschiebung des Bragg-Winkels θ wird die Gitterdehnung berechnet. In der hier gezeigten Anordnung (Φ = 90°) wird die Gitterdehnung parallel zur Belastungsachse gemessen. Bei Positionierung eines zweiten Detektors im 90° Winkel (Φ = 0°) wird die Gitterdehnung auch senkrecht zur Belastungsachse gemessen.

Die Gitterdehnung wurde in Abhängigkeit von der an der Probe durch die Zugmaschine aufgebrachten Dehnung gemessen. Solange die Schicht sich dabei elastisch verformt, ist bei geeigneter Auswahl von Reflexen zur Gitterdehnungsberechnung zu erwarten, dass die von außen aufgebrachte Dehnung und die Gitterdehnung parallel zur Belastungsachse ungefähr übereinstimmen. Die Dehnung des Substrats wird somit im vollen Maße auf die Schicht übertragen. Erst mit Einsetzten von plastischen Verformungsprozessen oder durch Rissentwicklung weicht die Gitterdehnung von der aufgebrachten Dehnung ab [70]. Die hier angewendete Messung der Gitterdehnung stellt eine relative Messung immer in Bezug auf den Netzebenabstand zu Beginn des Zugversuches dar. Herstellungsbedingt können in diesem Zustand bereits Eigenspannungen vorherrschen, die eine leichte Abweichung von einem spannungsfreien Netzebenenabstand d_{hkl}^0 bewirken [67]. Repräsentative Eigenspannungsmessungen an einem Röntgendiffraktometer deuteten allerdings darauf hin, dass diese bei den gedruckten Schichten sehr schwach ausgeprägt sind. So ergab sich für eine Silberschicht aus MOD-Tinte mit 260 nm Schichtdicke ein Spannungswert von lediglich -4,5 MPa. Dieser Wert liegt deutlich innerhalb des Messfehlers von bestenfalls ±20 MPa für Eigenspannunsmessungen an dünnen Metallschichten mit einem Röntgendiffraktometer.

3.4.2 Bestimmung der Korngröße

Mittels des Verhältnisses von integraler Breite und Halbwertsbreite von Röntgenreflexen kann in bestimmten Fällen auch die Korngröße bestimmt werden. Dazu wurde zunächst mit Hilfe einer Referenzmessung an Y_2O_3- und CeO_2-Pulver die instrumentelle Peakverbreiterung aus den Beugungsdaten korrigiert. Anschließend musste der Effekt der Korngröße auf die Peakbreite mittels mathematischer Modelle angenähert werden. Hierfür wurde die Single-Line Methode von [71] verwendet. Entscheidend ist, sowohl die Effekte des Microstrains (inhomogen über das beugende Volumen verteilte Gitterverzerrung) als auch der Korngrößenverteilung auf die Peakbreite aufzuschlüsseln. Der ausgewählte Reflex wird dabei mit einer Pearson VII Funktion [72] angenähert, die aus einer Faltung von Gauß- und Lorentz-Profilen besteht.

Auf diese Weise kann die integrale Breite der Lorentz - (β_L) und der Gauß-Komponente (β_G) berechnet werden. Über β_L, die Wellenlänge und den Bragg-Winkel kann dann die Korngröße D berechnet werden:

$$\beta_L = \frac{\lambda}{D \cos \Theta}.$$ (3.9)

In dieser Arbeit wurde auf die Auswerteroutine zurückgegriffen, die für die Versuche in [67] entwickelt wurde. Dabei wurde die Single-Line Methode für *in-situ* Zugversuche in Transmissionsgeometrie angewendet. Die auf diese Weise bestimmten Absolutwerte der Korngröße hängen von der Ordnung des ausgewählten Reflexes ab [67], daher werden in dieser Arbeit solche Werte nur vergleichend interpretiert.

3.5 Mikroskopische Charakterisierung

Zur mikroskopischen Charakterisierung der Proben wurde ein Zweistrahlgerät mit Elektronenstrahl und fokussierten Gallium-Ionenstrahl (FIB) der Firma FEI (Modellbezeichnung: „Nova 200") verwendet. Mittels des fokussierten Ionenstrahls konnten Querschnittspräparationen durchgeführt werden. Dafür wurden sehr geringe Strahlströme um 30 pA eingestellt um möglichst feine quaderförmige Schnitte senkrecht zur Oberfläche mit einer Länge zwischen 1 und 2,5 µm und einer Breite von etwa der zwei- bis dreifachen Schichtdicke zu setzten. Die Abtragung erfolgte in die Tiefe bis zur Substratoberfläche. Dabei ist die Elektronquelle in einem Winkel von 52 ° zur Ionenquelle ausgerichtet, so dass anschließend der Querschnitt von der Seite mittels des Elektronenstrahls abgebildet werden konnte.

4 Transparente und elektrisch leitfähige Anoden

Für Bauteile wie Solarzellen oder OLEDs sind transparente Anodenschichten mit hoher elektrischer Leitfähigkeit für die Funktionalität von entscheidender Bedeutung. Dieses Kapitel beschäftigt sich mit den mechanischen Eigenschaften von Materialien und Strukturen, die sich als Anodenschichten eignen.

4.1 Ergebnisse für gesputtertes Indiumzinnoxid (ITO)

Standardmäßig werden in Bauteilen gesputterte ITO Schichten als Anodenschichten eingesetzt. Als keramisches Material weisen ITO-Schichten auf flexiblem Substrat allerdings sprödes Risswachstum auf, wodurch sich deren Verwendung in flexibler Elektronik als problematisch darstellt. Da auf längere Zeit kein großtechnischer Ersatz für solche Schichten absehbar ist, wird hier das Bruchverhalten von Schichten aus ITO genauer untersucht und Lösungswege für deren Einsatz unter mechanischer Belastung aufgezeigt.

Für die elektrischen Widerstandsmessungen von ITO-Schichten wurde ein spezielles Messverfahren entwickelt, wobei die Leitfähigkeit eines 1 mm breiten ITO Streifens mittels aufgesputterten Silberelektroden gemessen wurde (siehe Kapitel 3.2.1). Die hier getesteten ITO-Schichten stammen von der Firma VISIONTEK SYTEM LTD. (Produktspezifikation: „ITOPET 50"). Während des Zugversuches konnte mittels eines Lichtmikroskops die Anzahl der Risse zwischen den inneren Elektroden gezählt werden. Mit Hilfe des Lichtmikroskops konnte auch die wahre Dehnung ε_{wahr} lokal in diesem Messbereich über optische Bildkorrelation bestimmt werden. Abbildung 4.1 zeigt den Verlauf des elektrischen Widerstandes parallel zur Belastungsachse.

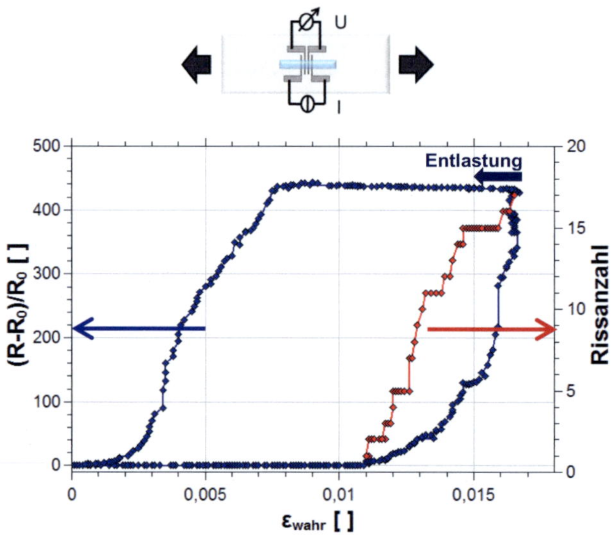

Abbildung 4.1: Normalisierter elektrischer Widerstandsverlauf (blau) von ITO-Schichten unter Zugbelastung und Entlastung. Parallel zum Versuch wurde lichtmikroskopisch die Rissanzahl (rot) zwischen den beiden inneren Elektroden mit dem Abstand 0,49 mm bestimmt. Der Widerstand wurde parallel zur Belastungsachse gemessen.

Dabei ist erst mit Bildung des ersten Risses bei ε_{wahr} = 1,1 % ein Anstieg zu beobachten. Anschließend steigt der Widerstand exponentiell an bis die Belastung bei 1,6 % gestoppt wurde. Bei Entlastung lässt sich zunächst ein Plateau bei einem normalisierten Widerstand von 438 erkennen. Erst ab 0,7 % fällt dieser kontinuierlich auf einen relativen Wert von 1,8 ab. Der Abfall bei Entlastung ist mit dem Schließen der Risssegmente durch die elastische Rückverformung des Substrates zu erklären. Der hier verwendete experimentelle Aufbau für die Widerstandsmessung bietet den Vorteil, dass der Widerstand auch senkrecht zur Belastungsachse gemessen werden konnte, wie in Abbildung 4.2 gezeigt ist.

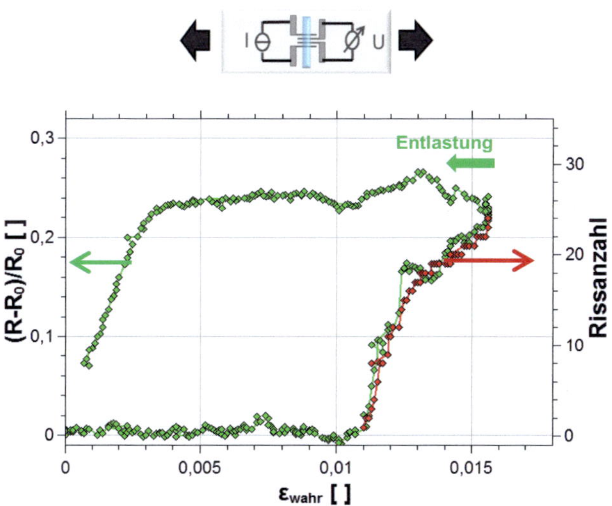

Abbildung 4.2: Normalisierter elektrischer Widerstandsverlauf (grün) von ITO-Schichten unter Zugbelastung und Entlastung. Parallel zum Versuch wurde lichtmikroskopisch die Rissanzahl (rot) zwischen den beiden inneren Elektroden mit dem Abstand 0,49 mm bestimmt. Der Widerstand wurde senkrecht zur Belastungsachse gemessen.

Dabei lässt sich eine ähnliche Hystereseform beobachten wie bei Messung des Widerstandes parallel zur Belastungsachse. Der Anstieg setzt erneut mit Rissbildung ein, wobei die Steigung mit zunehmender Dehnung jedoch abnimmt. Dieser Anstieg korreliert direkt mit der Rissanzahl. Auch hier wurde der Versuch bei 1,6 % Dehnung gestoppt. Der relative Widerstandsanstieg bei dieser Dehnung liegt mit 0,24 um Größenordnungen niedriger als bei der Messung parallel zur Belastungsachse. Bei weiterer Entlastung bis zum unbelasteten Zustand fällt der Widerstand auf einen relativen Wert von 0,07.

Abbildung 4.3 zeigt den Widerstandsverlauf bei einer zweiten Belastung derselben Proben. Dabei ist zu sehen, dass die Kurve dem Verlauf der Entlastung des ersten Zyklus folgt, sowohl bei Messung des Widerstandes parallel zur Zugrichtung als auch senkrecht dazu. Allerdings wird mit dem zweiten Zyklus zusätzliche Schädigung induziert und somit werden die Widerstandswerte weiter erhöht.

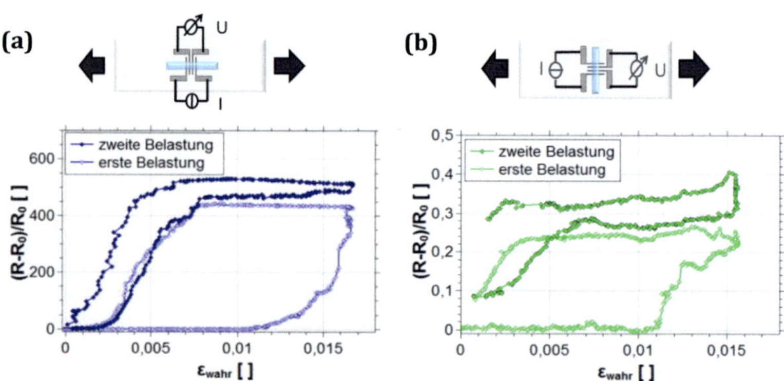

Abbildung 4.3: Elektrischer Widerstandsverlauf bei erster und zweiter Belastung im Vergleich. Dabei erfolgte die Messung des Widerstandes (a) parallel und (b) senkrecht zur Belastungsachse.

Vergleich von ITO-Schichten verschiedener Hersteller

Um zu untersuchen, ob es im mechanischen Verhalten von ITO Schichten auf PET-Substrat bei verschiedenen Herstellern Unterschiede gibt, wurden die in Tabelle 4.1 aufgelisteten Folien getestet.

Tabelle 4.1: Produktbezeichnungen der getesteten ITO-Folien.

Firma	VISIONTEK SYSTEMS LTD.	CPFilms Inc.	Sigma-Aldrich Co. LLC.
Produktbezeichnung	„ITOPET 50"	„OC50"	„639303"

Die Widerstandsverläufe parallel zur Belastungsachse der drei ITO beschichteten Substrate sind in Abbildung 4.4 zusammengetragen. Die prinzipielle Kurvenform ist bei allen Proben ähnlich. Große Unterschiede bestehen bei den relativen Widerstandswerten am Ende der Belastung bei etwa 1,7 % Dehnung. Während dieser für die ITO Schicht von CPFilms einen Wert von 22 erreicht, liegt er bei der Probe der Firma Sigma-Aldrich bei einem relativen Widerstandswert von 2035. Allerdings setzt bei allen Proben die Rissentwicklung in einem sehr ähnlichen Dehnungsbereich zwischen 1,1 und 1,3 % ein. Bei Messung des Widerstandes senkrecht zur Zugrichtung in Abbildung 4.5 zeigen alle drei Proben einen ähnlichen Verlauf. Die relativen Widerstandswerte am Ende der Belastung liegen hier auch in der gleichen Größenordnung.

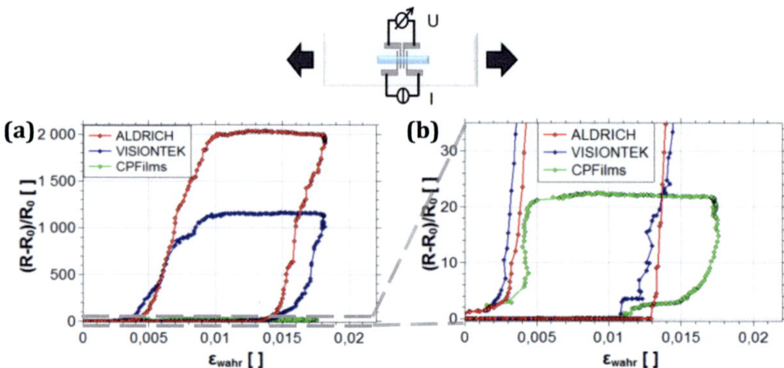

Abbildung 4.4: Elektrischer Widerstandsverlauf von ITO-Schichten dreier verschiedener Hersteller. Der Widerstand wurde parallel zur Belastungsachse gemessen. (a) Große Skalierung des relativen Widerstandes. (b) Kleine Skalierung.

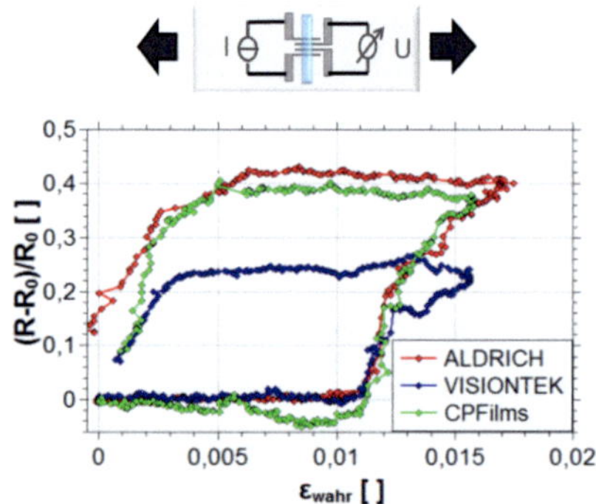

Abbildung 4.5: Elektrischer Widerstandsverlauf von ITO-Schichten verschiedener Hersteller. Der Widerstand wurde senkrecht zur Belastungsachse gemessen.

4.2 Ergebnisse für linienförmig strukturierte Silberschichten

Eine Alternative zu ITO-Schichten als Anode sind linienförmig strukturierte Silberschichten, auch Silbergrids genannt. Dadurch, dass das Substrat nicht vollständig flächig bedruckt ist, wird ausreichende optische Transparenz gewährleistet. Um die Stromdichte zu homogenisieren wird eine zusätzliche Zwischenschicht benötigt. Hierfür bieten sich leitfähige Polymere wie PEDOT:PSS (Poly-3,4-ethylendioxythiophen: Polystyrol-sulfonat) an, die ohne Silbergrids einen zu hohen elektrischen Widerstand aufweisen würden. Die Grids wurden mittels eines Aerosol-jet Druckers auf das PET-Substrat aufgebracht, wobei der Abstand der Linien 200 µm betrug. Zusätzlich wurden auch PET-Substrate mit PEDOT:PSS- oder ITO-Zwischenschicht verwendet. Die gedruckten Linien sind in Abbildung 4.6 zusammengestellt. Durch das unterschiedliche Benetzungsverhalten der Substrate fällt die Linienbreite stark unterschiedlich aus. So beträgt diese auf blankem Substrat um die 50 µm; jedoch mit ITO oder PEDOT:PSS-Zwischenschicht lediglich um die 10 µm. Auch die Liniengrenzen zeigen sich unterschiedlich klar ausgeprägt. Auf reinem PET-Substrat und mit ITO-Zwischenschicht sind die Liniengrenzen stark verlaufen. Dieses Benetzungsverhalten führt auch dazu, dass die Schichtdicken im Profil mittig am größten zu erwarten sind und sich seitwärts verschmälern [73].

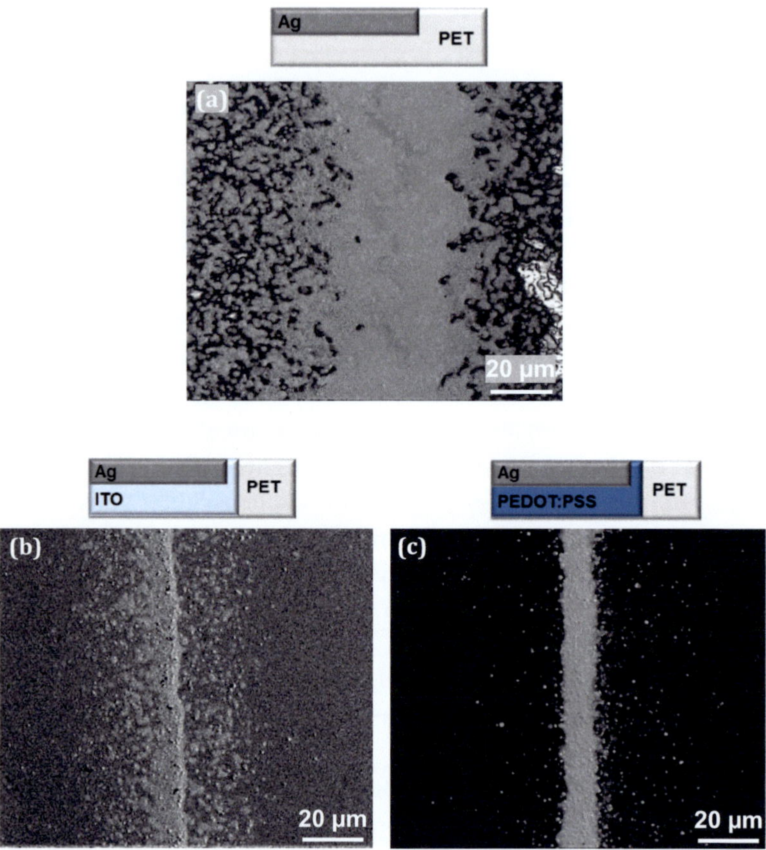

Abbildung 4.6: Mittels Aerosol-jet Drucker aufgebrachte Silberlinien nach der Wärmebehandlung. Durch das unterschiedliche Benetzungsverhalten sind die Linienbreiten je nach Substrat nicht einheitlich: (a) ohne Zwischenschicht, (b) mit ITO-Zwischenschicht, (c) mit PEDOT:PSS-Zwischenschicht.

4.2.1 Schädigungsverhalten unter monotoner Zugbelastung

Um das Rissverhalten unter Zugbelastung zu untersuchen, wurde während der Zugversuche der elektrische Widerstand über Klemmenkontaktierung gemessen. Die Silberlinien wurden immer parallel zur Belastung ausgerichtet. In Abbildung 4.7 sind die Ergebnisse bis auf die Versuche mit ITO-Zwischenschicht zusammengefasst.

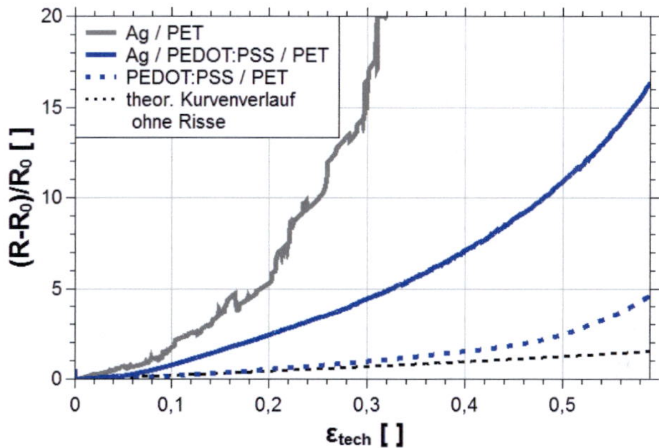

Abbildung 4.7: Relativer Anstieg des elektrischen Widerstandes während der Zugbelastung. Aufgetragen sind die Kurven von Silbergrids direkt auf PET-Substrat (grau) und mit PEDOT:PSS-Zwischenschicht (blau). Außerdem auch mit PEDOT:PSS-Schicht ohne Silbergrids (blau gestrichelt). Der theoretische Kurvenverlauf ohne Risse nach Gleichung (3.3) ist schwarz gestrichelt.

Die Widerstandskurve der Silbergrids direkt auf PET verläuft dabei stark inhomogen. Das ist dadurch zu begründen, dass sich einzelne Risse in den Silberlinien deutlich stärker auswirken als bei ganzflächiger Beschichtung, bei welcher sich leichter Leitungspfade um den Riss herum ausbilden können. Eine präzise

Festlegung der Versagensdehnung mit Gleichung (3.3) ist bei strukturierten Silberschichten aufgrund des inhomogenen Verlaufs nicht möglich. Allerdings konnte durch die optische Auswertung der Zugversuche im REM in Abbildung 4.8 erste Risse bei 12 % nachgewiesen werden. Dies gilt auch für die Silbergrids mit PEDOT:PSS-Zwischenschicht. Die zugehörige Kurve verläuft aber im Gegensatz zu der Probe ohne Zwischenschicht viel homogener, da die Zwischenschicht den Einfluss einzelner Risse in den Silberlinien reduziert. Die gestrichelte blaue Linie zeigt PEDOT:PSS auf PET ohne Silbergrids. Hier kann durch Abweichung der Kurve von Gleichung (3.3) eine Versagensdehnung von 16,6 % bestimmt werden.

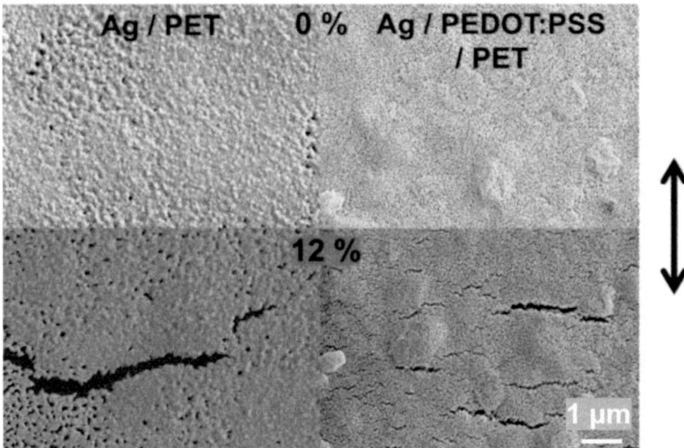

Abbildung 4.8: Rissentwicklung einer Silberlinie mit (rechts) und ohne (links) PEDOT:PSS-Zwischenschicht im Ausgangszustand und bei 12 % Dehnung. Die Belastungsachse verläuft vertikal.

Wie bereits erwähnt, sind in Abbildung 4.8 je eine Silberlinie der beiden Proben im Ausgangszustand und bei 12 % Dehnung gezeigt. Im Silber der Probe ohne Zwischenschicht lässt sich nur ein langer Riss erkennen, während in der Probe mit PEDOT:PSS-

Zwischenschicht mehrere, aber deutlich kürzere Risse zu sehen sind. Bei 20 % Dehnung in Abbildung 4.9 weist die Probe ohne Zwischenschicht starke Delamination auf. In der Modifikation mit Zwischenschicht sind Risse, die durch das Silber und das PEDOT:PSS verlaufen, zu erkennen. Delamination ist hier nicht erkennbar.

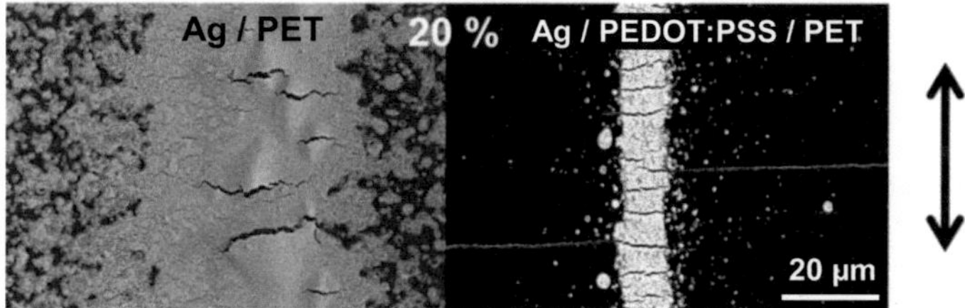

Abbildung 4.9: Silberlinien ohne (links) und mit (rechts) PEDOT:PSS-Zwischenschicht bei 20 % Dehnung. Die Probe ohne PEDOT:PSS zeigt starke Delamination auf. In der Probe mit PEDOT:PSS-Zwischenschicht sind Risse im PEDOT:PSS und der Silberlinie erkennbar.

Bei den Proben mit ITO-Zwischenschicht wurden die ITO beschichteten Proben der Firma VISIONTEK SYSTEMS LTD. wie auch in Kapitel 4.1 verwendet. Der dabei mit Elektroden-kontaktierung gemessene Wert der Versagensdehnung von 1,1 % liegt im Bereich der Messungen mit Klemmenkontaktierung in Abbildung 4.10. Durch Aufbringen von Silbergrids auf das mit ITO beschichtete PET-Substrat wird der Widerstandsanstieg leicht hinausgezögert, da durch Partikelbrücken der Silberschicht der Stromfluss über den ITO-Riss kurzzeitig aufrechterhalten werden kann. Der Vergleich mit Silbergrids ohne Zwischenschicht zeigt, dass bei Verwendung einer ITO-Zwischenschicht das Schädigungsverhalten stark vom ITO geprägt ist.

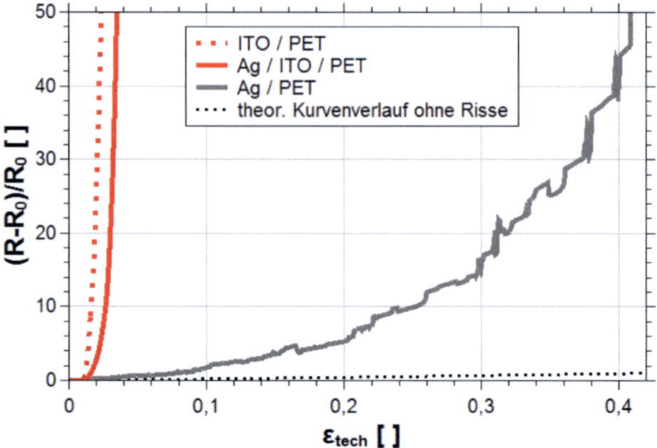

Abbildung 4.10: Relativer Anstieg des elektrischen Widerstandes während der Zugbelastung. Aufgetragen sind die Kurven von Silbergrids direkt auf PET-Substrat (grau) und mit ITO-Zwischenschicht (rot). Außerdem auch mit ITO-Beschichtung ohne Silbergrids (rot gestrichelt).

Dies bestätigt sich auch bei Betrachtung der REM-Bilder in Abbildung 4.11. Hier ist erkennbar, dass sich der Riss bei 3 % Dehnung vom ITO ausgehend in die Silberschicht überträgt. Bei 6 % Dehnung ist zusätzlich noch Buckling im ITO zu sehen, das die Silberschicht ebenfalls schädigt.

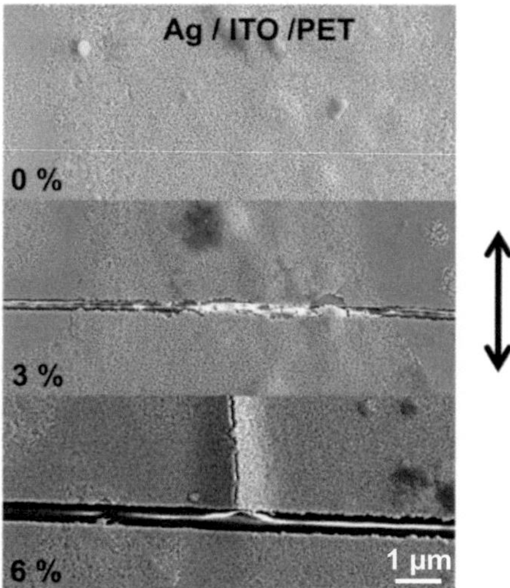

Abbildung 4.11: Rissentwicklung einer Silberlinie mit ITO-Zwischenschicht im Ausgangszustand sowie bei 3 und 6 % Dehnung. Die Belastungsachse verläuft vertikal.

4.2.2 Schädigungsverhalten unter zyklischer Biegebelastung

An den gedruckten Silbergrids auf verschiedenen Substraten wurden auch Biegeermüdungsversuche durchgeführt. Über den Plattenabstand wurden dabei Dehnungsschwingbreiten zwischen 1 und 2,5 % eingestellt. Das Ausfallkriterium wurde auf einen relativen Widerstandsanstieg von 20 % festgelegt. Als Durchläufer wurden die Proben markiert, die nach 500.000 Zyklen nach diesem Kriterium nicht versagt hatten.

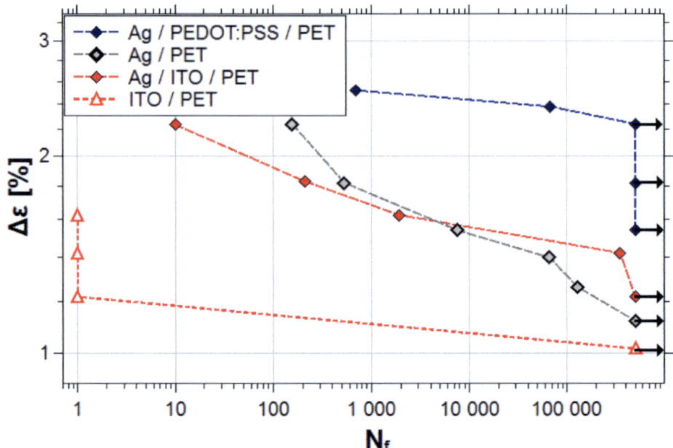

Abbildung 4.12: Anzahl der Zyklen bis zum Versagenskriterium in Abhängigkeit von der Dehnungsschwingbreite für Silbergrids direkt auf PET-Substrat (grau) und mit PEDOT:PSS (blau) bzw. ITO-Zwischenschicht (rot gestrichelt). Zusätzlich wurde noch eine ITO-Beschichtung ohne Silbergrids (rot gepunktet) untersucht.

Für die ITO-Probe ohne Silbergrids wurde der Ausgangswiderstand im ungebogenen Zustand bestimmt, da sich bereits beim Probeneinbau Risse gebildet haben bevor der Versuch gestartet wurde. Für die ITO-Probe mit Silbergrids und allen anderen Proben wurde nicht so verfahren, da hier das Ermüdungsverhalten der Silbergrids im Fokus stand. Die ITO-Schicht in Abbildung 4.12 zeigt einen abrupten Übergang zwischen Ausfall im ersten Zyklus, womit der Einbauvorgang gemeint ist, und keiner Ermüdungsschädigung bis zu einer halben Millionen Zyklen. Der Übergang bei einer Dehnungsschwingbreite zwischen 1,0 und 1,2 % stimmt mit der Versagensdehnung der Zugversuche überein. Die Silbergrids auf blankem PET-Substrat und mit ITO-Zwischenschicht weisen ähnliche Lebensdauern auf. Die längsten Lebensdauern wurden bei Silbergrids mit PEDOT:PSS-Zwischenschicht gemessen. Hier sind erst ab

$\Delta\varepsilon = 2{,}4\,\%$ keine Durchläufer mehr zu verzeichnen. In Abbildung 4.13 sind die Silberlinien nach der Ermüdung gezeigt.

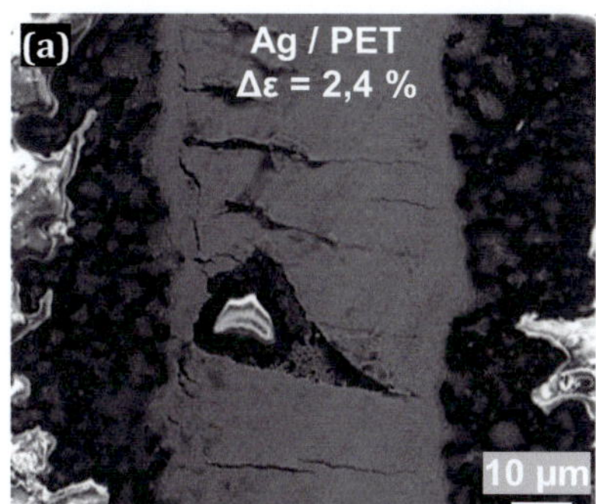

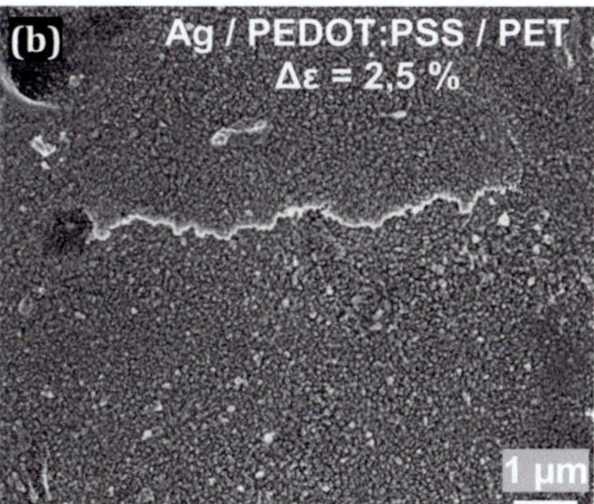

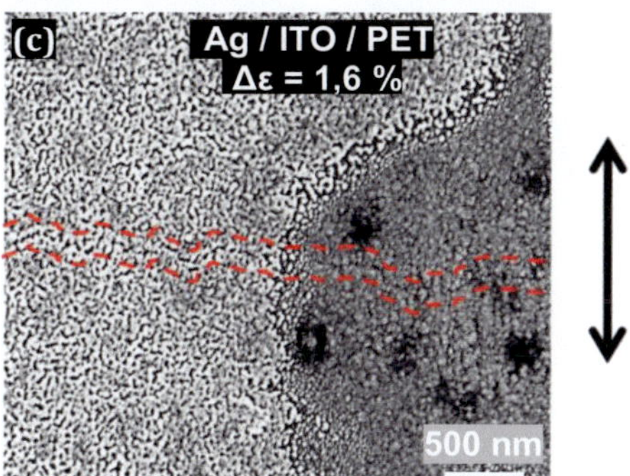

Abbildung 4.13: Rissmorphologie der ermüdeten Schichten nach 500.000 Zyklen im Überblick. Die Dehnungsschwingbreiten sind jeweils angegeben. Die Belastungsachse verläuft vertikal. (a) Die Silberlinie direkt auf PET zeigt starke Delamination. (b) Kaum Delamination ist bei der Probe mit PEDOT:PSS-Zwischenschicht zu sehen. (c) Bei der Probe mit ITO-Zwischenschicht ist der Rissverlauf schwer zu erkennen und befindet sich zwischen den zwei rot gestrichelten Linien.

Wie bei monotoner Zugbelastung weist die Silberlinie direkt auf PET-Substrat als einzige Delamination auf. Diese ist teilweise so stark ausgeprägt, dass einzelne Schichtstücke komplett abgeplatzt sind. Eine derartige Schädigung ist bei Silberlinien mit PEDOT:PSS-Zwischenschicht nicht zu sehen. Die Risse verlaufen auch deutlich kürzer. Bei der Probe mit ITO-Zwischenschicht ist nur ein sehr feiner Riss zu erkennen, der vom ITO in die Silberschicht verläuft.

4.3 Diskussion

4.3.1 Gesputtertes Indiumzinnoxid (ITO)

Als keramische Schichten zeigen ITO-Schichten ein sprödes Bruchverhalten, erkennbar an den senkrecht zur Zugrichtung über die gesamte Probenbreite verlaufenden Rissen, die bereits bei 1,1 % Dehnung auftreten. Zum Schädigungsverhalten von ITO-Schichten auf nachgiebigem Substrat gibt es bereits mehrere Veröffentlichungen [74-77]. Deswegen wird im Folgenden der neue Erkenntnisgewinn durch diese Arbeit gezielt herausgestellt. Die Versagensdehnung liegt im Bereich vorhergehender Veröffentlichungen (1,18 - 1,83 % [75], 0,9 - 1,1 % [77]).

Elektrische Widerstandsmessung parallel zur Belastungsachse

Durch die direkte Beobachtung des Messbereiches der elektrischen Widerstandsmessungen mittels Lichtmikroskops während des Zugversuchs, konnte jedem neuen Riss der entsprechende Widerstandsanstieg zugeordnet werden. Auf diese Weise wurde das Diagramm in Abbildung 4.14 (a) erstellt. Hier ist über die Rissanzahl der relative Widerstand aufgetragen.

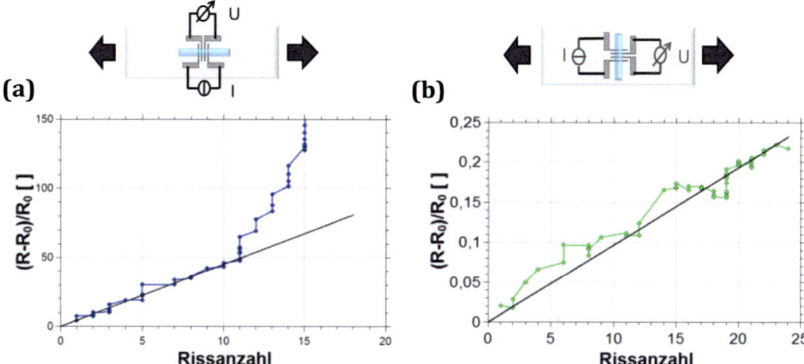

Abbildung 4.14: Relativer Anstieg des elektrischen Widerstandes aufgetragen über die Rissanzahl zwischen den inneren Elektroden mit dem Abstand 0,49 mm. Die Rissanzahl konnte mittels Lichtmikroskop im Messbereich bestimmt werden. (a) Messung des Widerstandes parallel zur Belastungsachse. (b) Messung senkrecht zur Belastungsachse.

Dabei ist zu erkennen, dass bei niedrigen Dehnungen jeder Riss zu einem konstanten Anstieg des Widerstandes führt. Erst ab elf Rissen bzw. bei einer Dehnung von 1,3 % führt ein weiterer Schädigungsmechanismus zu einem stärkeren Anstieg, der an der Abweichung der Kurve von der eingezeichneten Linie erkennbar ist. Um dieses Verhalten zu erklären, ist zunächst die Frage aufzuwerfen, warum nicht bereits ein Riss der die gesamte Probenbreite durchquert, zu einem kompletten Erliegen des Stromflusses führt. Cairns et al. [74] erklärt dies durch sogenannte Brückenmechanismen, womit eine verbleibende sehr dünne Schicht am Rissgrund gemeint ist, die einen geringen Stromfluss aufrechterhält. In einem mittels FIB erzeugten Querschnitt eines ITO-Risses (Abbildung 4.15) konnte eine solche Schicht nicht nachgewiesen werden. Dabei sind auch keine abgebrochenen ITO-Partikel erkennbar, die die beiden Rissflanken verbinden könnten.

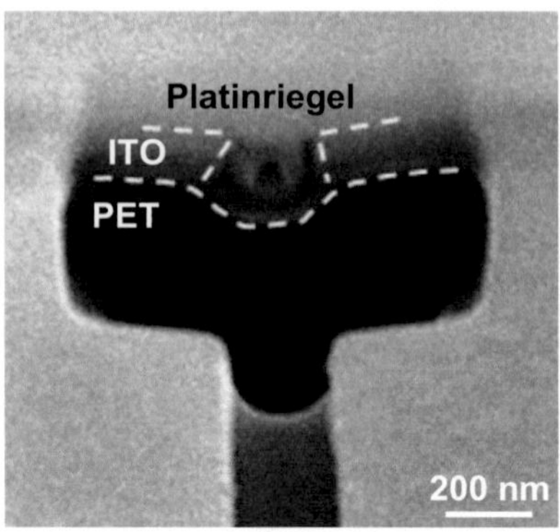

Abbildung 4.15: Querschnitt in einen ITO-Riss nach Zugbelastung auf 2,5 % Dehnung. Durch den Platinriegel wurde ein Auseinanderdriften der Rissflanken durch thermische Einwirkung verhindert.

Weitere REM Untersuchungen ergaben aber andere Brückenmechanismen. So ist in Abbildung 4.16 (a) eine Verunreinigung in der Schicht erkennbar, die den Riss so ablenkt, dass eine Verbindung der beiden Rissflanken bestehen bleibt. Ein ähnlicher Effekt ist in [78] beschrieben. Hier wurde der Widerstandsanstieg durch gezielt eingebrachte Silberpartikel abgeschwächt. Ein anderer Ansatz geht dahin die ITO-Schicht aus Partikeln zu drucken. Dadurch verlaufen die Risse nicht so geradlinig wie in gesputtertem ITO-Schichten und der relative Widerstandsanstieg durch Rissbildung fällt geringer aus [79]. Ein zweiter Brückenmechanismus ist in Abbildung 4.16 (b) zu sehen. Dabei verursacht ein schräg verlaufender Riss, dass weitere vertikal ausgerichtete Risse an diesem gestoppt werden und so ein Leitungspfad bestehen bleibt. Aufgrund dieser beider Brückenmechanismen wäre ein Erklärungsansatz für die Unterschiede im Widerstandsanstieg der ITO-Schichten verschiedener Hersteller (vgl. Abbildung 4.4) mit Variationen der

Defektdichte gegeben. So würde eine höhere Anzahl an Defekten zu stärkerer Rissbildung bei niedrigeren Dehnungen führen. Die Bildung von Brückenverbindungen über die Risse wird dabei durch die Defekte allerdings begünstigt und somit der Widerstandsanstieg insgesamt reduziert. Erst bei höheren Dehnungen versagen auch die Brückenmechanismen. Im Falle von Abbildung 4.14 (a) zeigt sich dies in der Abweichung vom linearen Anstieg. Dieser Vorgang ist irreversibel, erkennbar an dem unveränderten Widerstand bei Entlastung in Abbildung 4.1. Erst wenn die Rissflanken wieder aufeinander treffen, fällt der Widerstand stark ab. Auch bei einer zweiten Belastung spielen die Brückenmechanismen keine Rolle mehr, so folgt die Widerstandskurve dann dem Verlauf der vorausgegangenen Entlastung (vgl. Abbildung 4.3 (a)).

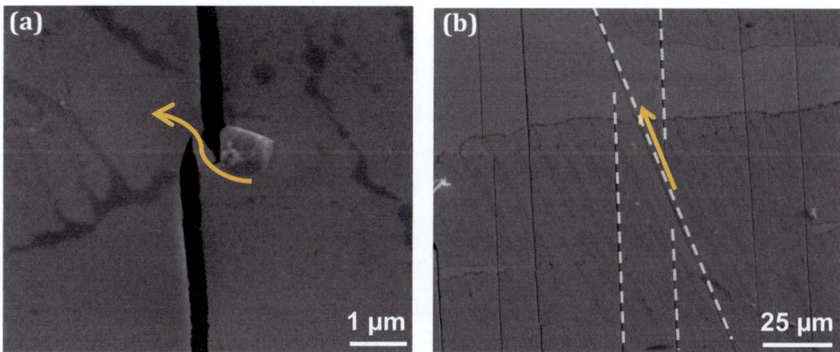

Abbildung 4.16: Brückenmechanismen für elektrische Leitungspfade über ITO-Risse. (a) Durch eine Verunreinigung wird der Riss abgelenkt und es bildet sich eine schmale ITO-Verbindungstelle. (b) Durch einen schräg verlaufenden Riss wird der vertikal verlaufende Riss unterbrochen und es bildet sich ein Leitungspfad.

Elektrische Widerstandsmessung senkrecht zur Belastungsachse

Die mechanische Stabilität eines Bauteils wie z.B. einer OLED wird durch die Komponente bestimmt, bei der zuerst Rissschädigung auftritt. Dies ist in der Regel die spröde ITO-Schicht. Bis jetzt ist dieses Material als transparente Anodenschicht noch der Standard und kann wohl erst längerfristig ersetzt werden [10]. Durch Techniken wie weitere stabilisierende Zusatzschichten [80; 81], Reduzierung der ITO-Schichtdicke [75] oder besondere Substratqualitäten [76] lassen sich die Versagensdehnungen auf bis zu 2,8 % [81] steigern. Werte, die im Vergleich zu Silberschichten aber immer noch enorm niedrig liegen (vgl. Kapitel 5 und 6). Ein Ansatz geht nun dahin, die ITO-Schicht im Bauteil so zu orientieren, dass sich die Rissbildung möglichst wenig schädlich auf die Funktionalität auswirkt. Dieser Gedankengang wird auch in [82] geäußert, jedoch ohne systematische Untersuchungen aufzuführen. Der Versuchsaufbau der hier vorliegenden Arbeit ermöglicht auch Messungen des elektrischen Widerstandes senkrecht zur Belastungsachse. Dabei ergaben sich bei Be- und Entlastung ähnliche Hysteresekurven des Widerstandes wie bei Messung parallel zur Belastungsachse, allerdings ist der Gesamtanstieg des Widerstandes um Größenordnungen kleiner (vgl. Abbildung 4.2). Der Anstieg lässt sich hier zum einen auf Streuung der Elektronen an den senkrecht verlaufenden Rissen und zum anderen auch zu einem gewissen Maß auf Schädigung der aufgesputterten Silberelektroden durch die ITO-Risse zurückführen. Bei dieser Messorientierung löst während der gesamten Belastung jeder Riss einen vergleichbaren Widerstandsanstieg aus und der Anstieg bleibt über die gesamte Dehnung linear, wie Abbildung 4.14 (b) entnommen werden kann. Dieser liegt bei einer relativen Erhöhung von zirka 1 % pro Riss. Bei Messung parallel zur Zugachse beträgt dieser Wert jeweils 444 % für die ersten elf Risse. Diese geringe Zunahme könnte bei entsprechender Stromleitung senkrecht zur Belastung für die Funktionalität von Bauteilen tolerierbar sein.

4.3.2 Gedruckte und linienförmig strukturierte Silberschichten (Silbergrids)

Zum mechanischen Verhalten von strukturierten Silberlinien finden sich in der Literatur zahlreiche Veröffentlichungen [83; 73; 84]. Eine gezielte Untersuchung des Substrateinflusses auf flüssigprozessierte Linien wurde bisher allerdings nicht durchgeführt. In der hier vorgelegten Arbeit zeigt sich, dass die Benetzung des Substrats einen großen Einfluss auf die Silberschichteigenschaften hat. Die reine PET Oberfläche weist eine derart starke Benetzung auf, dass die Linienbreite deutlich größer ausfällt als bei den Proben mit Zwischenschicht (vgl. Abbildung 4.6). Dadurch wird die Schicht insgesamt deutlich dünner und spröder. (vgl. auch den Einfluss der Schichtdicke in Kapitel 6). Bei Verwendung einer PEDOT:PSS Zwischenschicht fällt die Linienbreite deutlich niedriger aus. Außerdem sind die Liniengrenzen auf diese Weise klarer strukturiert. Es stellte sich somit heraus, dass eine zu gute Benetzung nicht von Vorteil für die mechanischen Eigenschaften ist. Die Ergebnisse der Zugversuche für alle Proben mit Silberlinien und den entsprechenden Substraten sind noch einmal in Abbildung 4.17 zusammengestellt, wobei allerdings der absolute und nicht der relative Widerstand der Proben aufgetragen ist. Dabei erweist sich die Kombination aus Silbergrids mit PEDOT:PSS Zwischenschicht als die beste Variante. Durch die Silbergrids wird der elektrische Widerstand im Vergleich zur reinen PEDOT:PSS-Beschichtung während der gesamten Belastung um einen Faktor von etwa 10 gesenkt.

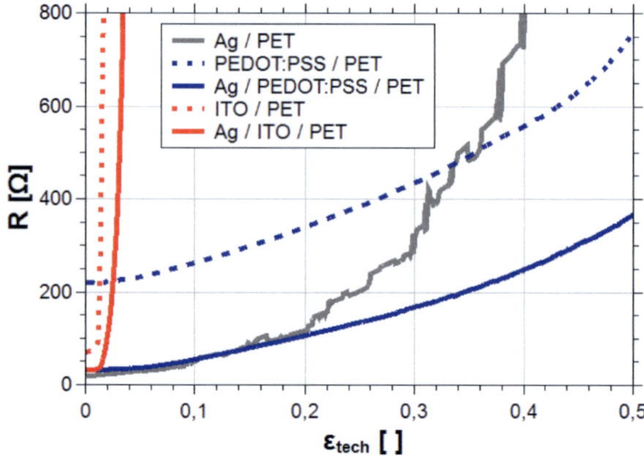

Abbildung 4.17: Anstieg des absoluten Widerstandes während der Zugbelastung. Aufgetragen sind die Kurven von Silbergrids direkt auf PET-Substrat (grau) und mit PEDOT:PSS- (blau) bzw. ITO-Zwischenschicht (rot). Außerdem auch mit PEDOT:PSS- (blau gestrichelt) bzw. ITO-Beschichtung ohne Silbergrids (rot gestrichelt).

Die PEDOT:PSS-Zwischenschicht weist als Polymer hohe Versagensdehnungen von 16,6 % auf und führt so zu einer Stabilisierung des Gesamtprobensystems gegenüber den aufgebrachten Dehnungen. Das ist zum einen darauf zurückzuführen, dass bei Rissbildung in den Silberlinien der Stromfluss über die Zwischenschicht den Riss überwinden kann. Zum anderen zeigen sich deutlich kleinere Risse aufgrund der höheren Silberliniendicke (vgl. Abbildung 4.8). Bei der Probe ohne Zwischenschicht tritt als einzige auch Delamination bei Dehnungen von 20 % auf. Wenige positive Effekte brachte die Kombination aus Silbergrids und ITO-Zwischenschicht. Die frühe Rissentwicklung der ITO-Schicht ist so stark, dass sie sich unmittelbar auf die Silberlinien auswirkt.

Auch bei den Biegeermüdungsversuchen zeigten die Silbergrids mit PEDOT:PSS-Zwischenschicht die besten Eigenschaften (vgl. Abbildung 4.12). Durch die höheren Liniendicken wurde eine Schädigung durch Rissbildung und Delamination hinausgezögert (vgl. Abbildung 4.13). Zwischen der Probe mit ITO-Zwischenschicht und den Silbergrids direkt auf PET-Substrat zeigten sich kaum Unterschiede in der Lebensdauer, da die Silberlinien die schmalen ITO-Risse überbrücken konnten. Dieser Effekt der Überbrückung von ITO-Rissen durch Metallschichten wird auch in [85] beschrieben.

4.4 Zusammenfassung

In diesem Kapitel wurden die mechanischen Eigenschaften von Schichtsystemen untersucht, die sich als transparente Anoden in Bauteilen wie OLEDs eignen.

Ein Fokus lag dabei auf **gesputtertem Indiumzinnoxid (ITO)** auf PET Substrat. Als Oxidkeramik bilden sich in solchen Schichten bereits ab Dehnungen von 1,1 % Risse, was deren Einsatz in flexiblen Bauteilen problematisch macht. Bei Untersuchung des elektrischen Widerstandes unter Zugbelastung zeigte sich, dass Defekte Brückenmechanismen auslösen, die verhindern, dass bei Rissbildung der Stromfluss ganz gestoppt wird. Durch eine spezielle Versuchsanordnung konnte deren Einfluss während der Be- und Entlastung gezielt analysiert werden. Bei Messung des Widerstandes senkrecht zur Belastungsachse konnte nachgewiesen werden, dass hier Risse einen deutlich geringen Anstieg des elektrischen Widerstandes verursachen. Dieser Umstand könnte es ermöglichen, dass in Bauteilen bei entsprechender Orientierung von Leiterbahnen zur

Belastungsachse einzelne Risse in ITO-Schichten tolerierbar wären.

Außerdem wurden **linienförmig strukturierte Silberschichten (Silbergrids)** auf PET Substrat mit und ohne PEDOT:PSS- bzw. ITO-Zwischenschicht mechanisch charakterisiert. Dabei erwies sich die Benetzung der Silbertinte auf den verschiedenen Substraten als entscheidender Faktor, weil dadurch die Liniendicke maßgeblich bestimmt wurde. Auf reinem PET-Substrat verursachte die hohe Benetzung sehr dünne Linien mit früher Rissentwicklung. Ideal erwies sich die Kombination aus Silbergrids und PEDOT:PSS Zwischenschicht: Durch die Silbergrids wurde die elektrische Leitfähigkeit erhöht und die flächige PEDOT:PSS-Beschichtung führte zu einem geringen Anstieg des Widerstandes trotz Rissbildung im Silber. Dagegen führte die frühe Rissbildung in der spröden ITO-Zwischenschicht im Zugversuch auch zu schneller Rissbildung in den Silberlinien.

5 Silberschichten aus nanopartikulärer (NP) Tinte

Durch die Wärmebehandlung von gedruckten Silberschichten auf Polyimidsubstrat werden Parameter wie Partikelgröße und Porosität verändert. In diesem Kapitel wird der Einfluss dieser Veränderungen auf die mechanischen Eigenschaften der Schicht im Zugversuch untersucht. Das Verhalten der gleichen Proben unter Biegeermüdungsbelastungen wurde ebenfalls untersucht und ist im Detail in [66] beschrieben. Die Schichten wurden mit einem Inkjet Drucker aus nanopartikulärer (NP) Tinte (Firma: Sun Chemical Corporation, Produktbezeichnung: „EMD5603") auf 125 µm dickes Polyimid (PI)-Substrat (Firma: DuPont, Produktbezeichnung: „Kapton® 500HN") hergestellt und anschließend unterschiedlichen Wärmebehandlungen ausgesetzt. Die Temperaturen, die Dauer der Wärmebehandlung und die im Folgenden immer Anwendung findenden Probenbezeichnungen sind in Tabelle 5.1 zusammengefasst.

Tabelle 5.1: Probenbezeichnungen mit Angabe der Temperatur und der Dauer der jeweiligen Wärmebehandlung.

Proben-bezeichnung	Wärmebehandlungs-temperatur	Dauer der Wärme-behandlung
NP_150°C_30min	150 °C	30 min
NP_200°C_30min	200 °C	30 min
NP_250°C_30min	250 °C	30 min
NP_350°C_60min	350 °C	60 min

Als Vergleich für konventionelle Beschichtungstechniken wurden zudem evaporierte Schichten auf gleichem Substrat untersucht. Die Schichtdicke betrug dabei wie bei den gedruckten Schichten ungefähr 800 nm.

5.1 Ergebnisse für verschiedene Wärmebehandlungen

5.1.1 *In-situ* elektrische Widerstandsmessungen

Während der Zugversuche wurde der elektrische Widerstand *in-situ* gemessen. Die Ergebnisse sind in Abbildung 5.1 (a) für alle Schichtsysteme gezeigt. Dabei deutet ein Abweichen der Kurven von der gestrichelten Linie auf Rissentwicklung hin. Auffällig ist dabei, dass die Kurve der Probe NP_150°C_30min einen zusätzlichen Wendepunkt bei Dehnungen über 35 % aufweist, der durch Buckling verursacht wird. Ein Abweichen der Kurven von der gestrichelten Linie von mehr als 5 % wurde als Versagensdehnung ε_f definiert. Dieser Wert wurde für jede Wärmebehandlung dreimal bestimmt und der Mittelwert in Abbildung 5.1 (b) aufgetragen. Dabei zeigt sich ein anfänglich starker Anstieg der Versagensdehnung von 7,0 % auf 14,4 % durch eine Steigerung der Temperatur von 150 auf 200 °C während der Wärmebehandlung. Eine weitere Erhöhung der Temperatur führt zu einer Reduktion von ε_f auf 9,9 % bei NP_250°C_30min bzw. 9,0 % bei NP_350°C_60min. Die Versagensdehnung der evaporierten Probe liegt mit 25,7 % weit über den Versagensdehnungen der gedruckten Schichten.

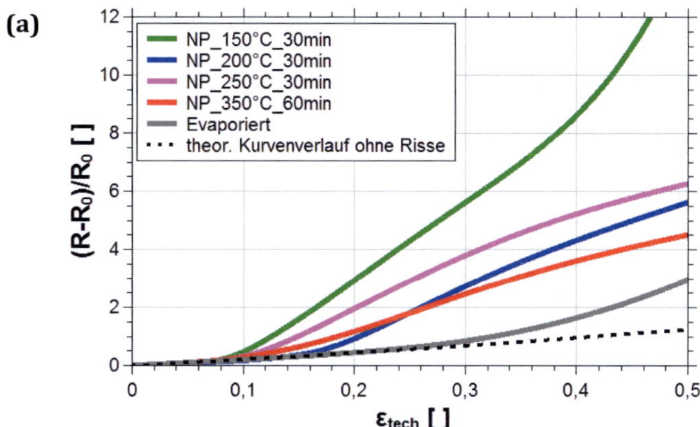

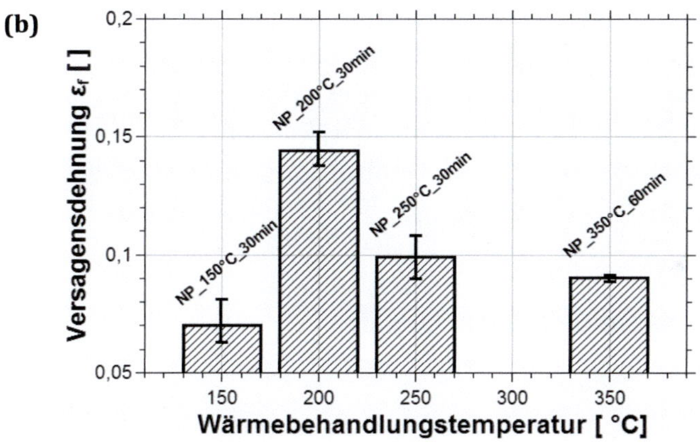

Abbildung 5.1: (a) Relativer Anstieg des elektrischen Widerstandes während der Zugbelastung. Aufgetragen sind die Kurven der aus NP Tinte gedruckten und wärmebehandelten Silberschichten sowie einer evaporierten Schicht. Der theoretische Kurvenverlauf ohne Risse nach Gleichung (3.3) ist schwarz gestrichelt. (b) Versagensdehnungen der gedruckten Schichten in Abhängigkeit von der Wärmebehandlung. Die Versagensdehnungen wurden aus den elektrischen Widerstandskurven der Zugversuche berechnet. Als Versagenskriterium wurde eine Abweichung von 5 % zu der Kurve aus Gleichung (3.3) definiert. Aus drei gleichen Versuchen ist jeweils der Mittelwert sowie der Bereich zwischen dem untersten und obersten Wert angegeben.

5.1.2 Charakterisierung der Rissmorphologie

Zur Charakterisierung der Rissmorphologie mit zunehmender Dehnung wurden zusätzlich Zugversuche im REM durchgeführt. Die in Abbildung 5.2 gezeigten Aufnahmen bestätigen die Ergebnisse der elektrischen Widerstandsmessungen u.a. mit der höchsten Versagensdehnung bei NP_200°C_30min. Außerdem lässt sich nur bei NP_150°C_30min Buckling erkennen. Diese Schicht weist zudem mit den längsten und breitesten Rissen die massivste Schädigung auf. Insbesondere die Silberschicht von NP_350°C_60min lässt bei 6 % Dehnung bereits vor der Versagensdehnung schemenhaft kleinere Mikrorisse erkennen, die im Folgenden noch genauer diskutiert werden (vgl. Abbildung 5.16).

Abbildung 5.3 zeigt Querschnitte die mittels Ionenstrahl im FIB in den gedruckten Schichten durch die Risse geschnitten wurden. Dabei ist bei keiner der Schichten Delamination entlang der Zwischenschicht oder eine Verjüngung der Schicht nahe den Rissflanken zu erkennen, was bei gasförmig abgeschiedenen Schichten oft auftritt (siehe Kapitel 2.1.1). Deutlich wird zudem, dass die Risse nicht an der Grenzfläche enden, sondern vertikal ein Stück ins Substrat weiterverlaufen.

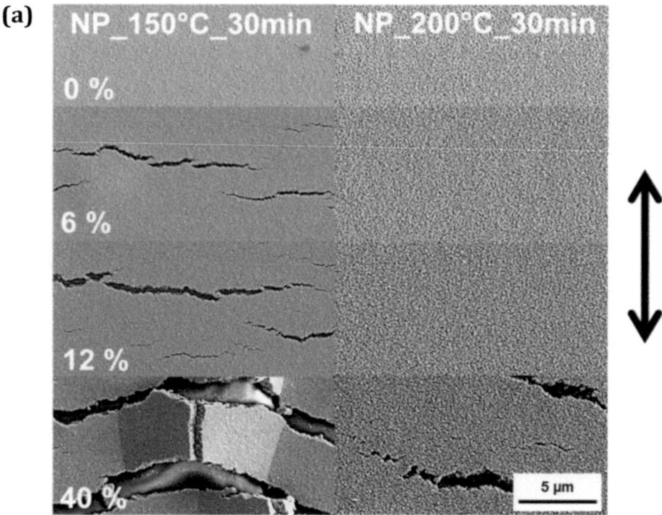

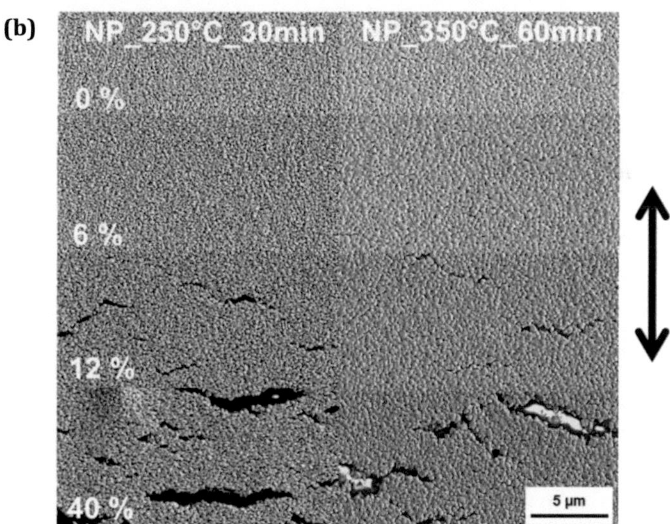

Abbildung 5.2: Rissentwicklung der aus NP Tinte gedruckten und wärmebehandelten Silberschichten bei zunehmender Zugdehnung. Die Belastungsachse verläuft vertikal. (a) NP_150°C_30min und NP_200°C_30min. (b) NP_250°C_30min und NP_350°C_60min.

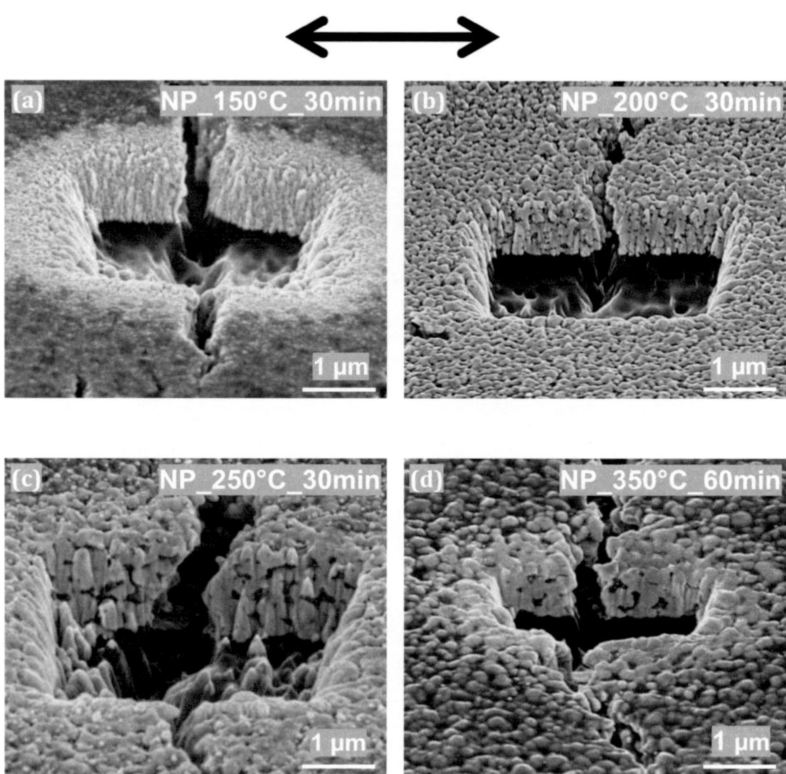

Abbildung 5.3: Querschnitte in die gedruckten Silberschichten durch die senkrecht verlaufenden Risse. Die Belastungsachse verläuft horizontal. Die jeweiligen Bedingungen der Wärmebehandlung sind oben rechts angegeben.

Zur Einschätzung der Rissdichte sind in Abbildung 5.4 die REM-Bilder bei 40 % Dehnung in niedrigerer Vergrößerung dargestellt und in Tabelle 5.2 die daraus bestimmten Rissdichten zusammengefasst. Diese wurden durch Zählung der Risse anhand dreier vertikal verlaufender Linien in den REM-Bildern bestimmt. Die Werte zeigen einen Abfall der Rissdichte hin zu Schichten mit höherer Temperaturbehandlung, wobei zwischen NP_250°C_30min und NP_350°C_60min kein signifikanter Unterschied mehr feststellbar ist.

Tabelle 5.2: Rissdichte der in Abbildung 5.4 gezeigten Silberschichten bei 40 % Dehnung. Die Rissanzahl wurde entlang dreier vertikal verlaufenden Linien bestimmt. Aus den drei Werten wurden der Mittelwert und die Standardabweichung gebildet.

	NP_150°C_ 30min	NP_200°C_ 30min	NP_250°C_ 30min	NP_350°C_ 60min
Rissdichte [1/mm]	162 ± 7,0	121 ± 2,6	102 ± 5,3	107 ± 7,0

$$\varepsilon = 40\ \%$$

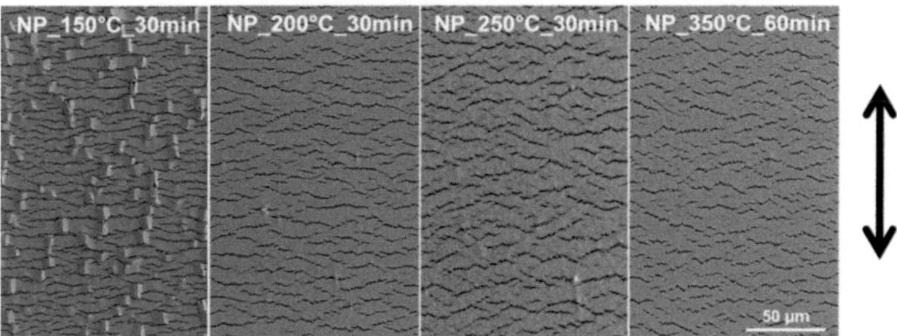

Abbildung 5.4: REM-Bilder der auf 40 % belasteten gedruckten Silberschichten in niedriger Vergrößerung zur Bestimmung der Rissdichte. Die Belastungsachse verläuft vertikal.

Die Rissbildung in einer evaporierten Silberschicht ist in Abbildung 5.5 zusammengestellt. Zu erkennen ist, dass sich einzelne Körner bei 20 % Dehnung stark plastisch verformt haben. Ein Riss in zwei dieser Körner wird bei 30 % sichtbar, der sich bei 40 % mit drei Richtungswechseln verlängert hat. Bei allen Dehnungen sind in vertikaler Richtung verlaufende Riefen sichtbar. Diese lassen sich durch die Topographie des PI-Substrates erklären, die sich bis an die Silberschichtoberfläche abbildet.

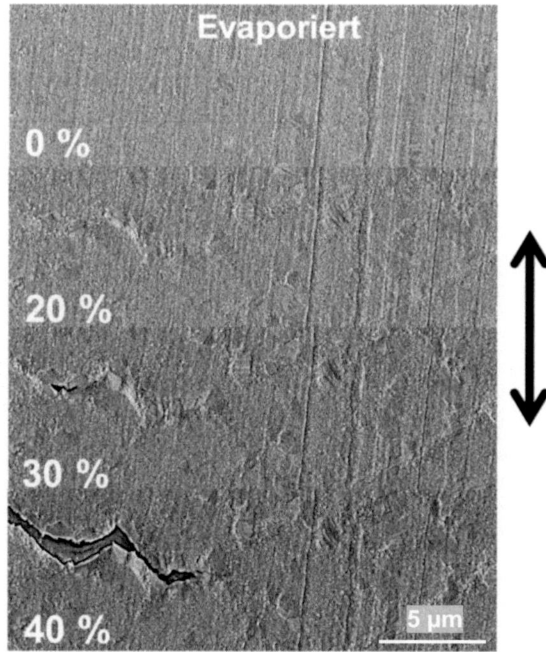

Abbildung 5.5: Rissbildung in der evaporierten Silberschicht mit zunehmender Zugdehnung. Die Belastungsachse verläuft vertikal.

In Abbildung 5.6 (a) ist die evaporierte Silberschicht bei 40 % Dehnung in niedrigerer Vergrößerung nochmals dargestellt. Hier zeigt sich, dass die Risse entlang von Scherbändern verlaufen. Dabei kann die Rissbildung überwiegend an Stellen mit Scherbandkreuzung lokalisiert werden. Auch hier wurde die Rissdichte bestimmt. Diese liegt mit 28 ± 3,4 Rissen pro mm deutlich unter den Werten der gedruckten Schichten. In Abbildung 5.6 (b) wurde in der evaporierten Schicht durch einen Riss ein Querschnitt im FIB erzeugt. Hier ist zu erkennen, dass sich die Schicht zur Rissmitte hin stark verjüngt. In diesen verjüngten Bereichen hat sich die Schicht vom Substrat delaminiert. Im Gegensatz zu den gedruckten Schichten wird deutlich, dass der Riss vertikal an der Grenzfläche endet und das Substrat nicht geschädigt wird.

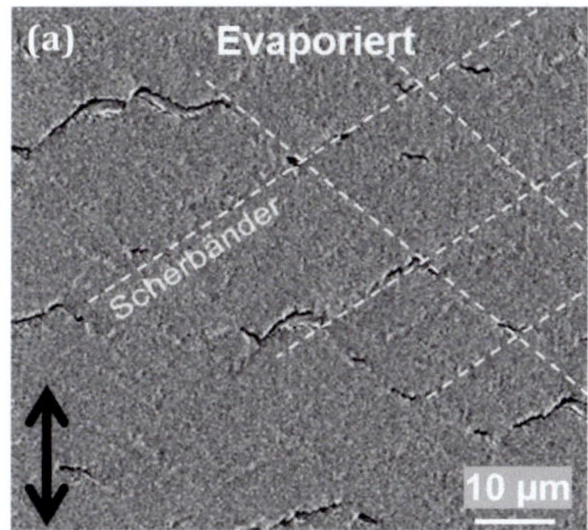

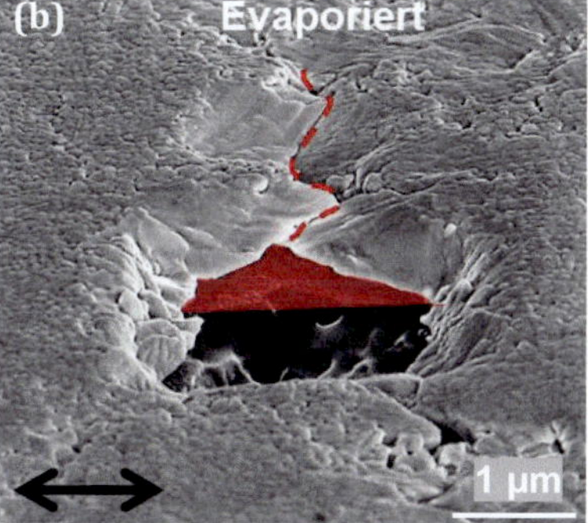

Abbildung 5.6: (a) Rissmorphologie der auf 40 % belasteten evaporierten Probe. Die Belastungsachse verläuft vertikal. Mit den gestrichelten Linien wird der Scherbandverlauf verdeutlicht. An der Kreuzung von zwei Scherbändern entstehen bevorzugt Risse. (b) Querschnitt im FIB in die Silberschicht durch einen Riss. Die Belastungsachse verläuft horizontal. Die gestrichelte Linie verdeutlicht den Rissverlauf. Die rot markierte Fläche veranschaulicht die delaminierte und verjüngte Schicht um den Riss.

5.1.3 Synchrotron-basierte Messungen

Um die Änderung der Gitterdehnung während der Zugverformung in den Silberschichten messen zu können, wurden synchrotron-basierte Messungen durchgeführt. Die Gitterdehnung beschreibt dabei das Verhältnis des Netzebenenabstandes der Atome im unbelasteten und belasteten Zustand der Silberschicht. Ein exemplarisches Beugungsbild von drei unbelasteten Silberschichten ist in Abbildung 5.7 aufgetragen. Für die Gitterdehnungsberechnung wurde der (311) Reflex verwendet, weil dieser am wenigsten vom Hintergrundrauschen beeinträchtigt wird. Dieses Rauschen wird durch diffuse Streuung der Röntgenstrahlen am amorphen Substrat und an der Luft verursacht.

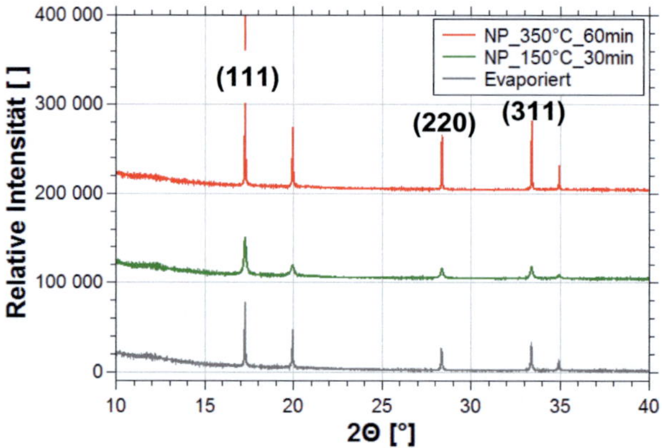

Abbildung 5.7: Beugungsbild der evaporierten und zweier aus NP Tinte gedruckten und wärmebehandelten Silberschichten im unbelasteten Zustand. Die Kurven sind um jeweils 100.000 Einheiten nach oben versetzt aufgetragen, um einen direkten Vergleich zu ermöglichen. Das Hintergrundrauschen, verursacht durch diffuse Streuung am amorphen Substrat und an der Luft, nimmt mit steigendem 2θ Winkel ab. Markiert sind die Reflexe, die zur Berechnung der Gitterdehnung bzw. der Korngröße verwendet wurden.

Die Gitterdehnung von NP_150°C_30min ist in Abbildung 5.8 dargestellt. In dem Diagramm stellt die blaue Kurve die Gitterdehnung parallel zur Belastungsachse ($\theta = 90°$) dar. Diese weist zu Beginn einen linear elastischen Bereich auf. Die rot gekennzeichnete Fläche markiert den Bereich zwischen dem untersten und obersten Wert der Versagensdehnung, die zuvor mittels elektrischer Widerstandsmessungen bestimmt wurden. Noch bevor die Zugbelastung diese Dehnung erreicht, kommt es zu einer Sättigung der Gitterdehnung. Unmittelbar danach weist die Kurve einen Abfall auf, bis sich ab 24 % Zugbelastung ein Plateau bildet und keine Veränderung der Gitterdehnung mehr feststellbar ist. Die grüne Kurve beschreibt die Gitterdehnung senkrecht zur Belastungsachse ($\theta = 0°$) und weist zu Beginn einen ähnlichen Verlauf auf. Durch die höhere Querkontraktion der Schicht im Vergleich zum Substrat bauen sich in der Silberschicht zunächst Zuggitterdehnungen auf. Durch die Rissentwicklung ab ε_f werden diese wieder abgebaut. Anders als die blaue Kurve zeigt die Gitterdehnung senkrecht zur Belastungsachse ab 22 % Zugbelastung kein Plateau, sondern fällt sogar in den Druckbereich, der ursächlich für das Buckling ist.

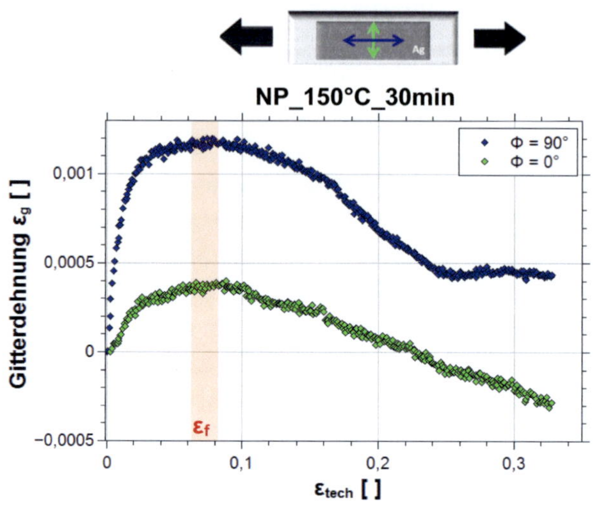

Abbildung 5.8: Verlauf der Gitterdehnung von NP_150°C_30min mit zunehmender Zugbelastung. Die blaue Kurve zeigt die Gitterdehnung parallel zur Belastungsachse, die grüne senkrecht dazu. Der mit ε_f markierte Bereich veranschaulicht den Bereich zwischen den zuvor über den elektrischen Widerstand gemessenen untersten und obersten Wert der Versagensdehnung.

Nach diesen Verfahren wurde der Verlauf der Gitterdehnungen für alle Proben bestimmt und in Abbildung 5.9 zusammengefasst. Für NP_200°C_30min und NP_250°C_30min lässt sich ein ähnlicher Verlauf erkennen wie bei NP_150°C_30min: Vor ε_f bildet sich ein Plateau der Gitterdehnung ($\theta = 90°$ und $\theta = 0°$) aus, bis diese nach ε_f abfällt. Die Gitterdehnung parallel zur Belastungsachse zeigt am Ende des Versuchs eine Sättigung. Eine Sonderrolle kommt NP_350°C_60min zu. Hier kommt es bereits vor Erreichen der Versagensdehnung zu einem Abfall der Gitterdehnung parallel zur Belastungsachse. Lediglich die Gitterdehnung senkrecht zur Belastungsachse lässt zuvor ein Plateau erkennen. Die evaporierte Probe konnte nicht bis zur

Versagensdehnung belastet werden, da zuvor das Substrat versagte. Bis zum Substratversagen lässt sich kein Abfall der Gitterdehnung parallel zur Belastung erkennen. Lediglich die Gitterdehnung senkrecht dazu fällt nach Erreichen eines Maximums kontinuierlich ab.

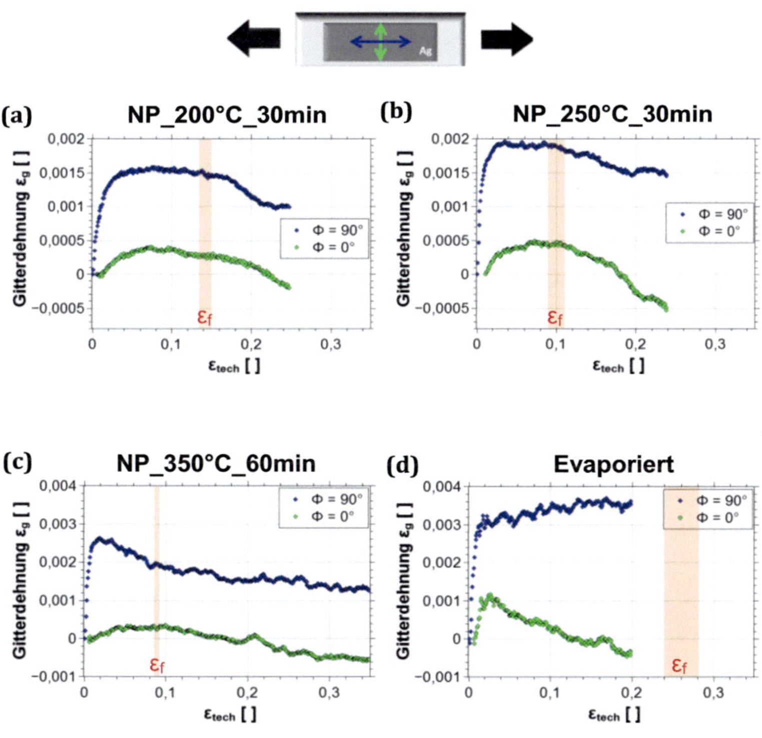

Abbildung 5.9: Verlauf der Gitterdehnung mit zunehmender Zugbelastung: Die blaue Kurve zeigt die Gitterdehnung parallel zur Belastungsachse, die grüne senkrecht dazu. (a)-(c) Aus NP Tinte gedruckte und wärmebehandelte Silberschichten. Die jeweilige Wärmebehandlung ist über dem Diagramm angegeben. (d) Evaporierte Silberschicht.

In Abbildung 5.10 sind die Maximalwerte der Gitterdehnungen aufgetragen. Bei Betrachtung der Gitterdehnung parallel zur Belastung lässt sich erkennen, dass eine Steigerung der Temperatur während der Wärmebehandlung zu höheren maximalen Gitterdehnungen führt. Bei der Gitterdehnung senkrecht zur Belastung liegen die Maximalwerte alle in einem ähnlichen Bereich und ein Zusammenhang mit der Wärmebehandlung ist nicht feststellbar. Die maximale Gitterdehnung der evaporierten Schicht liegt in beiden Fällen deutlich über den Werten der gedruckten Schichten.

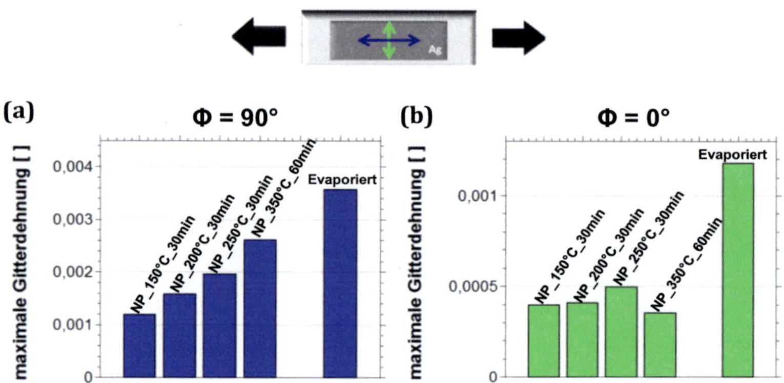

Abbildung 5.10: Maximalwerte der Gitterdehnungen aus Abbildung 5.8 und Abbildung 5.9. (a) Gitterdehnung in Richtung der Belastungsachse. (b) Gitterdehnung senkrecht zur Belastungsachse.

Nach der Single Line Methode [71] wurden über die Reflexbreite die Korngröße der Silberschichten bestimmt. Dieses Verfahren wurde anhand der (111), (220) und (311) Reflexe durchgeführt. In Abbildung 5.11 ist der jeweilige Mittelwert daraus aufgetragen. Mit höherer Temperaturbehandlung steigt die Korngröße dabei von 18,6 auf 102,5 nm an. Die evaporierten Silberschichten liegen mit einer Korngröße von 54,3 nm in der Größenordnung von NP_250°C_30min.

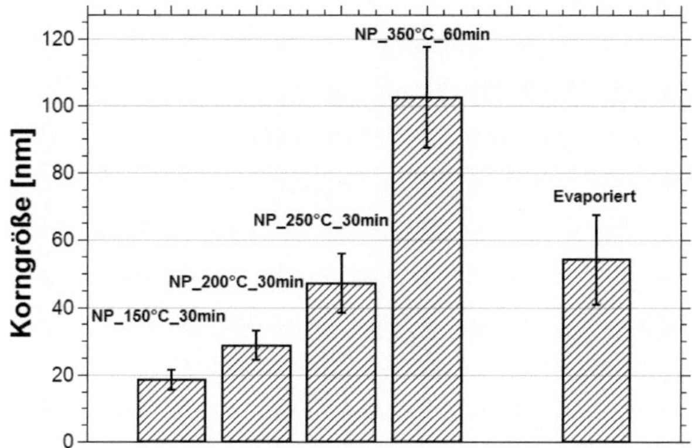

Abbildung 5.11: Korngröße der aus NP Tinte gedruckten und wärmebehandelten Silberschichten sowie der evaporierten Schicht. Die Berechnung erfolgte durch Bildung des Mittelwertes der berechneten Korngröße aus den (111), (220) und (311) Reflexen.

5.1.4 Thermogravimetrische Analyse (TGA)

Um den Anteil der Restorganik in den gedruckten Silberschichten genauer zu untersuchen wurde eine thermogravimetrische Analyse (TGA) an der hier verwendeten nanopartikulären Tinte durchgeführt [66]. Dabei wurde bei einer Aufheizrate von 10 °C / min die Zersetzung der organischen Bestandteile an Luft anhand des Massenverlustes erfasst. Die entsprechende Kurve ist in Abbildung 5.12 aufgetragen. Es lasst sich ein Abfall bis zur Zersetzungstemperatur T_d bei 250 °C erkennen. Die dabei erreichte Sättigung der Massenänderung bei 20 % entspricht dem Silberanteil der Tinte, somit kann von einem nahezu organikfreiem Material ab dieser Temperatur gesprochen werden. Die im Diagramm beinhalteten Pfeile veranschaulichen die hier angewandten Temperaturen während der Wärmebehandlung der gedruckten Silberschichten. Bei Temperaturen von 150 und 200 °C ist folglich von einem starken Restanteil an Organik in den Schichten von ungefähr 68 % (150 °C) bzw. 55 % (200 °C) auszugehen. Dieser bleibt auch bei längeren Auslagerungen bestehen, wie in TGA-Messungen mit entsprechenden Haltezeiten nach der Aufheizrate nachgewiesen wurde [66] .

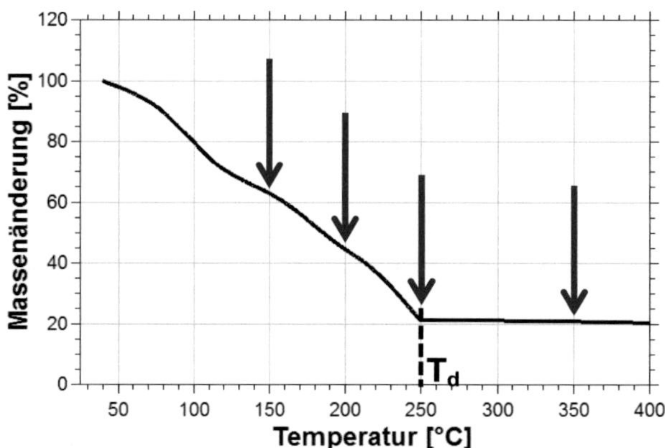

Abbildung 5.12: Massenänderung der in diesem Kapitel verwendeten nanopartikulären Tinte während der thermogravimetrischen Analyse (TGA) nach [66]. Die Pfeile zeigen die hier Anwendung gefunden Wärmebehandlungstemperaturen.

5.2 Diskussion

Bei der Charakterisierung von gedruckten Proben mit unterschiedlichen Wärmebehandlungen ist vor allem das Maximum der Versagensdehnung ε_f bei NP_200°C_30min auffällig (vgl. Abbildung 5.1). Der daran anschließende Abfall von ε_f deutet auf mehrere Einflussfaktoren auf das mechanische Verhalten hin. Dabei sind folgende mikrostrukturelle Parameter zu nennen:

- Korngröße

- Porosität und Restorganik

- Adhäsion zwischen Schicht und Substrat.

- Stärke der Partikelverbindungen

5.2.1 Einfluss der Korngröße

Die Korngröße der gedruckten Schichten variiert von 18,6 bis 102,5 nm je nach Auslagerungstemperatur (vgl. Abbildung 5.11). Die Korngröße ist dabei nicht mit der Partikelgröße gleichzusetzten, da ein Partikel aus mehreren Körnern bestehen kann. Es wird aber davon ausgegangen, dass die Werte der Korngröße mit der Partikelgröße korrelieren. Die Auswirkungen der Korngröße auf die Rissbildung werden in der Literatur nicht einheitlich betrachtet, da auch dort immer mehrere Einflussfaktoren gleichzeitig verändert werden. Im Allgemeinen lässt sich sagen, dass durch kleinere Korngrößen die Versetzungsbewegung reduziert wird und somit die Fließspannung erhöht wird [5; 6]. Lohmiller et al. [86] und Sim et al. [87] stellten jedoch an evaporierten bzw. gesputterten Silberschichten eine frühere Rissbildung aufgrund der Wärmebehandlung fest. Diesen Effekt begründeten sie allerdings nicht mit den gesteigerten Korngrößen, sondern mit einer

Reduktion der Adhäsion der Silberfilme auf dem Substrat. Ein anderer Effekt ergibt sich aus den Publikationen von Lu et al. [88] und Hu et al. [89], wobei eine Verzögerung der Rissbildung durch Wärmebehandlung an gesputterten Kupferschichten diskutiert wird. Lu et al. beschreibt dabei die Rissbildung in Proben ohne Wärmebehandlung durch Einschnürungen in Verbindung mit Delamination als Resultat von verformungsinduziertem Kornwachstum, wodurch verfrühte Schädigung verursacht wird. Diese Ergebnisse von gesputterten Schichten sind auf die gedruckten Schichten nur bedingt übertragbar, da in den Querschnitten um die Risse weder Kornwachstum noch Delamination beobachtet wurde (vgl. Abbildung 5.3).

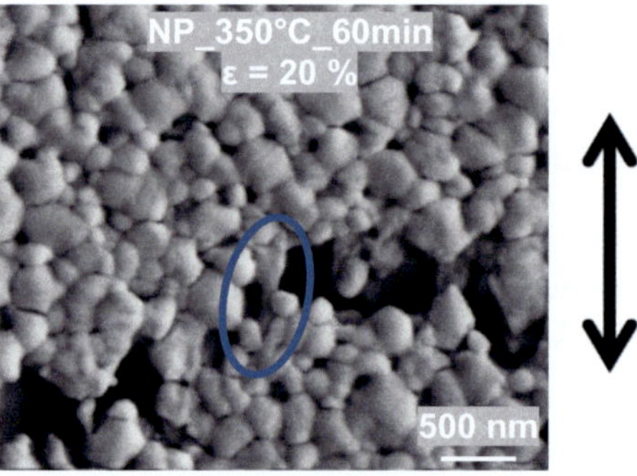

Abbildung 5.13: Riss in NP_350°C_60min nach Verformung auf 20 %. Die Belastungsachse verläuft vertikal. Blau umrahmt ist ein stark plastisch verformter Partikel, der die beiden Rissflanken verbindet.

Die einzige Quelle über den Einfluss der Wärmebehandlung auf die Zugeigenschaften von gedruckten Schichten ist die Arbeit von Kim et al. [90], in der die Korngröße allerdings im Detail nicht diskutiert wird. Eine Aufschlüsselung des Effekts der Korngröße auf die mechanischen Eigenschaften von gedruckten Schichten ist somit bisher noch nicht erfolgt. Betrachtet man jedoch einen Riss von NP_350°C_60min in Abbildung 5.13, lassen sich stark plastisch verformte Partikel erkennen, die einer Rissöffnung entgegen wirken. Zudem weisen viele Partikel Strukturen auf, die plastische Verformungsprozesse wie Zwillingsbildung oder Gleitbänder vermuten lassen. Bei NP_150°C_30min können solche Effekte nicht beobachtet werden. Es wird daher erwartet, dass größere Korn- und somit auch Partikelgrößen stärkere plastische Verformung zulassen und so zu verzögerter Rissbildung führen.

5.2.2 Anteil an Porosität und Restorganik

Im Gegensatz zu evaporierten Schichten ist in gedruckten Schichten aufgrund des gegebenenfalls nicht vollständig abgeschlossenen Sinterprozesses viel Restporosität vorhanden. Je nach Wärmebehandlung enthält die Schicht zudem noch organische Rückstände der Tinte. Der Einfluss von Poren auf die mechanischen Zugeigenschaften wird in der Literatur als negativ beschrieben [90; 91]. Kim et al. stellte in seiner Arbeit eine generelle Verringerung der Versagensdehnung durch höhere Temperaturen während der Wärmebehandlung fest. Dabei wurden bei höheren Temperaturen größere Porengrößen gemessen, die Kim et al. für dieses Verhalten als ursächlich benannte. In dieser Arbeit wurde über TGA-Messungen der Anteil der Restorganik in den Silberschichten gemessen (vgl. Abbildung 5.12). Dieser korreliert mit dem Anteil an Porosität, da um die Porosität durch Sinterprozesse zu reduzieren, zunächst die Organik innerhalb der Poren ausgebrannt werden muss. Aus diesen Daten kann bei NP_200°C_30min von einem Anteil von etwa 55 Masse-% an verbleibender Organik ausgegangen werden. Insofern handelt es sich bei solchen Schichten eher um einen Verbundwerkstoff aus Silberpartikeln, organischen Rückständen und Porosität, der in der Zusammensetzung von NP_200°C_30min mit 14,4 % die höchste Versagensdehnung aufweist.

Durch Porosität wird auch der E-Modul der Schicht reduziert, wie Greer et al. durch Nanoindentationsmethoden an flüssig prozessierten Silberschichten zeigten [92]. Dass dies auch in dieser Arbeit während der Wärmebehandlung passiert, kann anhand der Rissdichten abgeschätzt werden. Der Rissabstand der Sättigung hängt überwiegend von der Schichtdicke und dem Verhältnis der E-Moduln von Schicht und Substrat ab (siehe Kapitel 2.1.1). Da die Schichtdicke sich kaum verändert [66] und wenn davon ausgegangen wird, dass die Wärmebehandlung das Substrat nicht beeinflusst, können veränderte strukturelle Nachgiebigkeiten der gedruckten Silberschichten angenommen werden. Die Rissdichte verringert sich von NP_150°C_30min zu NP_250°C_30min um zirka 37 % (vgl. Tabelle 5.2). Eine höhere Temperaturauslagerung führt zu keiner weiteren Verringerung der Rissdichte mehr. Da ab NP_250°C_30min alle Organik zersetzt ist, bestätigt dies, dass die organischen Zusätze und die Restporosität die strukturelle Nachgiebigkeit der Schicht maßgeblich beeinflussen. Je höher der Anteil an Restporosität und Organik ausfällt, desto nachgiebiger wird die Schicht. Bei Betrachtung des elastischen Bereichs der Gitterdehnung in Abbildung 5.14 wird diese Annahme unterstützt. So fällt die Steigung zu Beginn des Zugversuchs von NP_150°C_30min und NP_200°C_30min deutlich niedriger aus als bei den Proben ohne Restorganik und mit geringerer zu erwartender Porosität (NP_250°C_30min und NP_350°C_60min).

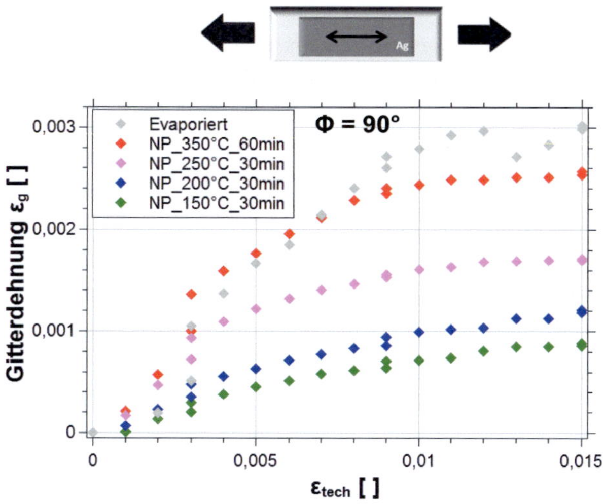

Abbildung 5.14: Verlauf der Gitterdehnung in Richtung der Belastungsachse bis 1,5 % Dehnung. Gezeigt sind alle getesteten Proben dieses Kapitels. Tendenziel nimmt die Steigung der Gitterdehnung im elastischen Bereich von NP_150°C_30min nach NP_350°C_60min zu.

5.2.3   Adhäsion zwischen Schicht und Substrat

Die Adhäsion zwischen Schicht und Substrat hängt stark mit dem Anteil von organischen Rückständen ab, wie Lee et al. nachgewiesen haben [93]. Sie postulieren, dass die aufgeschmolzene Organik durch eine Art Brückenmechanismus die Haftung der Partikel am Substrat stärkt. Eine Zunahme der Haftung zwischen Schicht und Substrat mit zunehmender Wärmebehandlungstemperatur führt auch Yi et al. in seinen Ergebnissen auf [94]. Sie begründen diese allerdings durch die aufgrund der geringeren Porenanzahl gesteigerte Kontaktfläche der Schicht zum Substrat. In dieser Arbeit wurden die Rissflanken näher untersucht und dabei keine Delamination bei den Schichten aller Wärmebehandlungen festgestellt (vgl. Abbildung 5.3). Die

Haftung zwischen Schicht und Substrat ist so stark, dass die Risse mehrere 100 nm vertikal ins Substrat weiterverlaufen, anstatt in die Grenzfläche abgelenkt zu werden. Somit kann die Adhäsion zwischen Schicht und Substrat in diesem Fall als nicht versagensrelevant für die Rissbildung betrachtet werden. Anders ist dies bei den evaporierten Schichten, bei denen die Rissbildung mit Verjüngung und Delamination einhergeht (vgl. Abbildung 5.6 (b)). In der Literatur wird gezeigt, dass bei gasförmig aufgetragenen Schichten durch gute Adhäsion die Versagensdehnung erhöht werden kann, da Rissbildung in Folge von lokalen Verjüngungen und Delamination verzögert wird [87; 95]. Gedruckte Schichten weisen allerdings andere Schädigungsmechanismen auf. Dies liegt unter anderen daran, dass die Partikelverbindungen in diesen Schichten die Schwachstellen bilden. So sind Risse immer entlang der Partikelgrenzen zu beobachten, aber keine transkristallinen Risse innerhalb der Körner, wie sie bei vakuumprozessierten Schichten in dem hier gemessen Schichtdickenbereich von zirka 800 nm auftreten [8].

5.2.4 Stärke der Partikelverbindungen

Durch die Wärmebehandlung und die damit verbundene Sinterung bilden sich zwischen den Partikeln Sinterhälse aus. Durch höhere Temperaturen lässt sich dieser Effekt verstärken und eine stärkere Partikelverbindung erzielen. Dies lässt sich an den synchrotron-basierten Messungen der Gitterdehnung in Richtung der Belastungsachse während des Zugversuches nachvollziehen. Wie in Abbildung 5.15 zu sehen, führt eine Steigerung der Wärmebehandlungstemperatur zum Aufbau höherer **maximaler Gitterdehnungen** in den Silberpartikeln, bevor die Partikelverbindungen versagen. Ein Aufbrechen der Partikelverbindungen führt zu einer Relaxation des Atomgitters innerhalb der Partikel und somit zu einer Reduktion der Gitterdehnung. Somit liegen bei der höchsten Wärmebehandlung bei NP_350°C_60min, wie zu erwarten, die stärksten Partikelverbindungen vor.

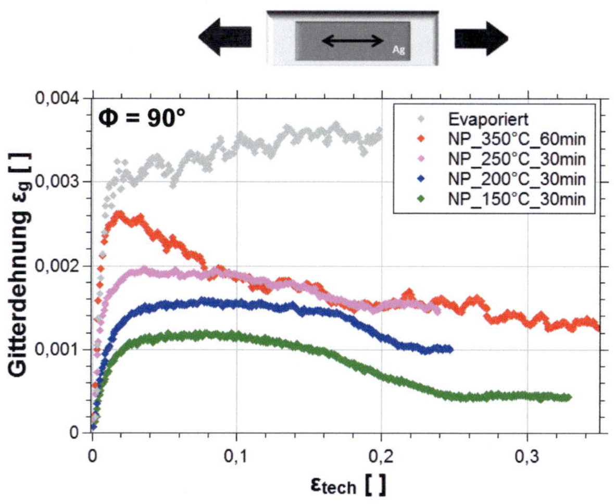

Abbildung 5.15: Verlauf der Gitterdehnung in Richtung der Belastungsachse mit zunehmender Zugbelastung. Gezeigt sind alle getesteten Proben dieses Kapitels.

Im Bereich der maximalen Gitterdehnung bildet sich bei NP_150°C_30min, NP_200°C_30min und NP_250°C_30min ein **Plateau der Gitterdehnung** als Funktion der angelegten Dehnung aus. Als Grund für diesen Sättigungsbereich können plastische Verformungsprozesse oder Mikrorisse in Betracht gezogen werden. Diese Mikrorisse bilden sich vor der Versagensdehnung, die mit deutlich größeren Rissen einhergeht, welche sich im Gegensatz zu den Mikrorissen signifikant auf den elektrischen Widerstand auswirken. Solche Mikrorisse, deren Länge sich auf einige Partikel beschränkt, wurden in Zugversuchen im REM nachgewiesen und sind in Abbildung 5.16

gezeigt. Die Länge des Plateaus korreliert mit der Versagensdehnung. Dabei führt eine Steigerung der Wärmebehandlungstemperatur von 200 auf 250 °C zwar zu höheren Gitterdehnungen, diese können sich aber nur über einen kleineren Dehnungsbereich stabilisieren. Bei NP_350°C_60min bildet sich sogar gar kein stabiler Sättigungsbereich mehr aus. Die maximale Gitterdehnung ist fast so groß wie bei der der evaporierten Probe, fällt aber ohne Plateau wieder ab. Eine starke Partikelverbindung ist somit nicht ausschlaggebend für das Erreichen hoher Versagensdehnungen.

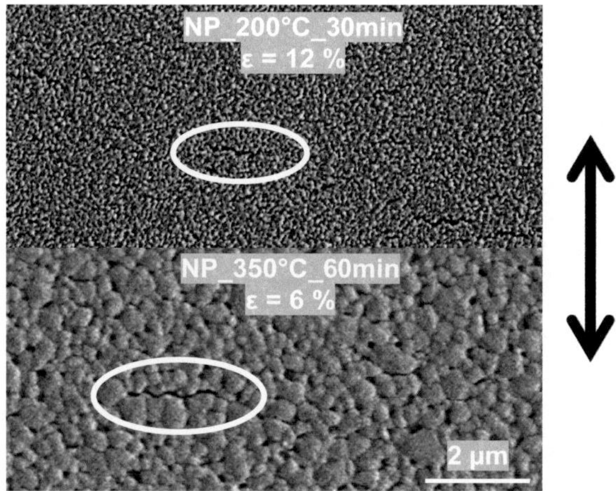

Abbildung 5.16: Mikrorisse in NP_200°C_30min und NP_350°C_60min vor Erreichen der Versagensdehnung. Die Belastungsachse verläuft vertikal.

Zu einem **Abfall der Gitterdehnung** führen erst größere Risse, deren Länge über mehrere µm hinausgeht. Bis auf NP_350°C_60min korreliert dieser Abfall mit der

Versagensdehnung (vgl. Abbildung 5.8 und Abbildung 5.9). Bei dieser Probe wirken sich die Mikrorisse so gravierend aus, dass sie zu einem sofortigen Abfall der Gitterdehnung und zu keiner Sättigung führen. Für die Auslegung von Bauteilen aus gedruckten Silberschichten ist es folglich nicht entscheidend, das Auseinanderbrechen einzelner Partikel zu verhindern, da diese kleinen Risse vielmehr von Vorteil für die Stabilität der Schicht bis zu hohen Zugdehnungen sind. Die Ergebnisse hier zeigen, dass Wärmebehandlungen bei hohen Temperaturen um 350 °C zwar zu starken Partikelverbindungen führen, allerdings auch die Bildung von größeren Rissen beschleunigen. Niedrigere Wärmebehandlungstemperaturen können die Bildung von Mikrorissen begünstigen und dadurch eine massive Schädigung durch größere Risse verzögern.

5.2.5 Querkontraktion und Buckling

Neben Rissen senkrecht zur Belastungsachse kann als zweiter Schädigungsmechanismus, zusätzlich auch Buckling auftreten. Erkennbar ist Buckling ausschließlich bei NP_150°C_30min, sowohl indirekt durch die elektrischen Widerstandskurven (vgl. Abbildung 5.1 (a)), als auch direkt durch REM-Beobachtung während der Zugversuche (vgl. Abbildung 5.2 (a)). Da Buckling durch die unterschiedliche Querkontraktion von Schicht und Substrat ausgelöst wird, bestätigt das ausschließliche Auftreten dieses Effekts bei NP_150°C_30min, dass sich die strukturellen Nachgiebigkeiten der Schichten je nach Wärmebehandlungen unterscheiden (vgl. Kapitel 5.2.2). Die Kurven der Gitterdehnung senkrecht zur Belastungsachse in Abbildung 5.17 zeigen allerdings ein ähnliches Verhalten aller Auslagerungen.

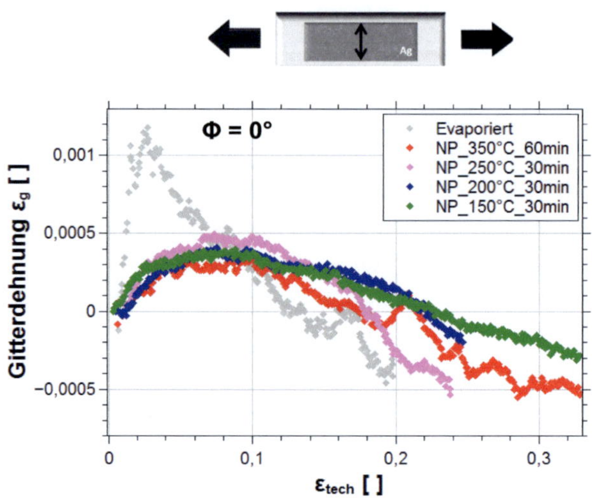

Abbildung 5.17: Verlauf der Gitterdehnung senkrecht zur Belastungsachse mit zunehmender Zugbelastung. Gezeigt sind alle getesteten Proben dieses Kapitels.

Hierbei muss erwähnt werden, dass diese Messungen nur die Gitterdehnung der Silberpartikel bestimmt. Da ab Temperaturbehandlungen unter 250 °C der Anteil der Restorganik über 50 Masse-% beträgt, kann hiervon keineswegs auf das Gesamtschichtsystem geschlossen werden. Das unterschiedliche Poisson-Verhältnis zwischen Schicht und Substrat führt zunächst bei allen Silberschichten zum Aufbau von Zuggitterdehnungen in Querrichtung. Durch Rissbildung wird die Querkontraktion lokal gestört und die Schicht baut in Folge Zuggitterdehnungen ab, wie Frank et al. zeigten [12]. Schließlich bilden sich sogar Druckgitterdehnungen, die im Fall von NP_150°C_30min das Buckling verursachen. Ein anderes Verhalten lässt die Gitterdehnung der evaporierten Probe erkennen. Anfänglich lässt sich ein sehr starker Anstieg gegenüber den gedruckten Proben in Zugrichtung erkennen, der sich mit der nicht vorhandenen Porosität in der evaporierten Schicht begründen lässt. Durch diese Porosität haben die Partikel in den gedruckten Schichten mehr Freiheitsgrade, in die eine Verformung stattfinden kann. Daher erhöht sich die strukturelle Nachgiebigkeit der gedruckten Schichten in Querrichtung, wodurch nur geringere Zuggitterdehnungen aufgebaut werden. Der Abfall der Gitterdehnung der evaporierten Schicht setzt nicht aufgrund von Rissbildung ein, wie bei den gedruckten Schichten, sondern mit dem Start von plastischen Verformungsprozessen.

5.2.6 Vergleich mit dem Ermüdungsverhalten

Neben den Zugversuchen wurden die gedruckten Schichten in [66] auch bei Biegeermüdungsexperimenten getestet. Dabei trat Schädigung in Folge der Ermüdung nur in NP_350°C_60min auf. Von Nachteil erwiesen sich dabei die größeren Partikel, die die Rissentstehung durch Extrusionsbildung beschleunigten. Allerdings nahm die elektrische Leitfähigkeit für die niedrigeren Wärmebehandlungstemperaturen deutlich ab. Für die Anwendung werden daher Wärmebehandlungen um 250 °C empfohlen, nach denen die Schichten sowohl hohe Leitfähigkeiten als auch lange Lebensdauern aufweisen. Aus Sicht der Zugversuche zeigte sich, dass eine Steigerung der Wärmebehandlungstemperatur von NP_250°C_30min zu NP_350°C_60min zu keiner Erhöhung der Versagensdehnung mehr führte. Somit erweisen sich zu hohe Temperaturen während der Wärmebehandlung für die mechanische Zuverlässigkeit von gedruckten Schichten sowohl bei Zug- als auch bei Biegeermüdungsbelastungen nicht von Vorteil.

5.3 Zusammenfassung

In diesem Kapitel wurde der Einfluss der Wärmebehandlung auf die mechanischen Eigenschaften von gedruckten Silberschichten untersucht. Dabei zeigten die elektrischen Widerstandsmessungen die höchste Versagensdehnung von 14,4 % bei Auslagerungstemperaturen von 200 °C. Höhere Temperaturen bis zu 350 °C führten zu niedrigeren Versagensdehnungen. Als Ursache für dieses Verhalten wurden verschiedene Einflussfaktoren diskutiert:

- **Korngröße**: Durch höhere Wärmebehandlungstemperaturen wurde die Korngröße von 18,6 nm (NP_150°C_30min) auf 102,5 nm (NP_350°C_60min) gesteigert. Da größere Körner höhere plastische Verformung zulassen, wird ein positiver Effekt der Korngröße auf die Zugeigenschaften der Silberschichten erwartet.

- **Porosität und Restorganik:** Bei der Wärmebehandlung, die bei den Silberschichten zu der höchsten Versagensdehnung führte (NP_150°C_30min), liegt ein Anteil von etwa 55 Masse-% Restorganik in der Schicht vor. Durch den unterschiedlichen Anteil an Restorganik und Porosität in den Silberschichten unterscheiden sich diese in ihrer strukturellen Nachgiebigkeit.

- **Adhäsion zwischen Schicht und Substrat**: In der Literatur wird ein positiver Effekt der Restorganik auf die Haftung zwischen Schicht und Substrat gezeigt. In dieser Arbeit zeigte sich die Adhäsion jedoch als nicht versagensrelevant, da bei allen gedruckten Schichten keine Delamination festgestellt wurde.

- **Stärke der Partikelverbindungen:** Hier lag der Fokus dieser Untersuchungen. Durch synchrotron-basierte Messungen konnten die stärksten Partikelverbindungen bei der höchsten Auslagerungstemperatur (NP_350°C_60min) nachgewiesen werden. Es zeigte sich aber, dass niedrigere Gitterdehnungen durch schwächere Partikelverbindungen für die mechanische Stabilität der Schicht von Vorteil sein können. Entscheidend ist es dabei nicht, wann einzelne Partikel in Form von Mikrorissen auseinanderbrechen, sondern viel mehr wann diese Mikrorisse im Partikelnetzwerk zu makroskopischen Rissen wachsen.

6 Silberschichten aus metallorganischer (MOD) Tinte

Die hier untersuchten flüssigprozessierten Silberschichten wurden aus metallorganischer (MOD) Tinte (Firma: InkTec Co. Ltd., Produktbezeichnung: „TEC-PR-010") hergestellt. Die Auftragung auf 125 µm dickes PET-Substrat (Firma: Mitsubishi Polyester Film GmbH, Produktbezeichnung: „Hostaphan® GN") erfolgte durch eine Rakel, mittels derer die Schichtdicke variiert werden konnte. Zwei große Vorteile von MOD Tinten gegenüber nanopartikulären (NP) Tinten sind, dass sich sehr dünne Schichtdicken (35 nm) erzielen lassen und die Wärmebehandlung bei niedrigeren Temperaturen (150 °C) erfolgen kann (siehe Kapitel 2.2.2).

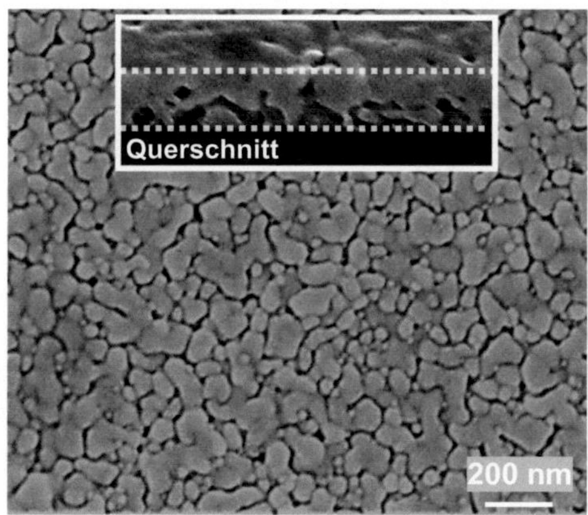

Abbildung 6.1: Mikrostruktur einer 260 nm dicken aus MOD Tinte hergestellten Silberschicht im unbelasteten Zustand. Der obere Bildausschnitt zeigt den Querschnitt einer solchen Schicht mit gut erkennbarer Restporositätsanlagerung nahe der Grenzfläche.

Silberschichten, die mittels MOD Tinte hergestellt wurden, weisen ein nanoskaliges Gefüge auf, wie sich anhand der Mikrostruktur in Abbildung 6.1 sehen lässt. Es ist zudem erkennbar, dass sich in diesen Schichten während der Wärmebehandlung viel Porosität gebildet hat, die teilweise mit nicht verflüchtigter Organik der Tinte gefüllt ist. Ziel dieses Kapitels ist es, den Einfluss dieser Struktur auf die mechanischen Eigenschaften sowohl bei monotoner als auch bei zyklischer Belastung zu untersuchen. Als Referenz für konventionell angefertigte Schichten wurden im Vakuum evaporierte Silberschichten auf gleichem Substrat verwendet.

6.1 Ergebnisse für monotone Zugbelastung bei variierenden Schichtdicken

Um das Bruchverhalten der Silberschichten unter monotoner Belastung zu untersuchen, wurden Zugversuche mit Dehnungen bis über 40 % durchgeführt. Bei diesen Versuchen galt besonderes Interesse dem Einfluss der Schichtdicke auf das Bruchverhalten. Deshalb wurden evaporierte und tintenbasierte Proben mit variierenden Schichtdicken zwischen 35 und 260 nm getestet.

6.1.1 *In-situ* elektrische Widerstandsmessungen

Zur genauen quantitativen Beschreibung der Rissentwicklung wurde während der Zugversuche der elektrische Widerstand *in-situ* gemessen. Die zugehörigen Messkurven sind für je vier verschiedene Schichtdicken in Abbildung 6.2 dargestellt. Ein Abweichen der Kurven von der gestrichelten Linie, die den theoretischen Widerstandsanstieg ohne Rissentwicklung nach Gleichung (3.3) beschreibt, lässt auf das Auftreten von Rissen rückschließen. Allgemein ist zu erkennen, dass eine Erhöhung der

Schichtdicke zu einer verzögerten Rissschädigung für beide Probensysteme führt. Als Versagenskriterium wurde ein Abweichen von 5 % von der gestrichelten Linie definiert (siehe Kapitel 3.2.1).

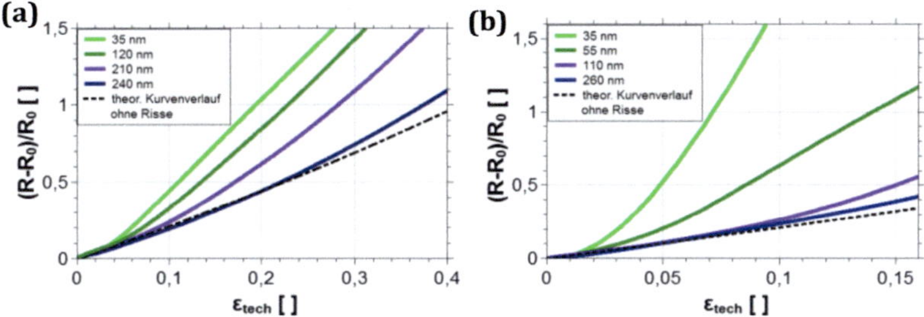

Abbildung 6.2: Relativer Anstieg des elektrischen Widerstandes während der Zugbelastung für (a) evaporierte und (b) aus MOD Tinten hergestellte Silberschichten mit variierenden Schichtdicken zwischen 35 und 260 nm. Der theoretische Kurvenverlauf ohne Rissbildung nach Gleichung (3.3) ist schwarz gestrichelt.

Die aus drei identischen Versuchen berechneten Mittelwerte der Versagensdehnungen sind in Abbildung 6.3 für alle getesteten Schichtdicken dargestellt. Hier lässt sich nun auch ein direkter Vergleich zwischen evaporierten und Silberschichten aus MOD Tinte ziehen. Die evaporierten Proben weisen zwischen 35 und 210 nm einen leichten Anstieg der Versagensdehnung auf, bis sich dann ab 240 nm eine starke Zunahme auf über 29 % feststellen lässt. Die Schichten aus MOD Tinten zeigen bereits bei Schichtdicken zwischen 45 und 110 nm einen deutlichen Anstieg auf Versagensdehnungen zwischen 10 und 12 %. Danach bildet sich ein Plateau aus und ein weiteres signifikantes Zunehmen der Versagensdehnung ist nicht feststellbar. Das Diagramm lässt zudem erkennen, dass für Schichtdicken zwischen 110 und

210 nm die Silberschichten aus MOD Tinte höhere Versagensdehnungen als die evaporierten Schichten aufweisen.

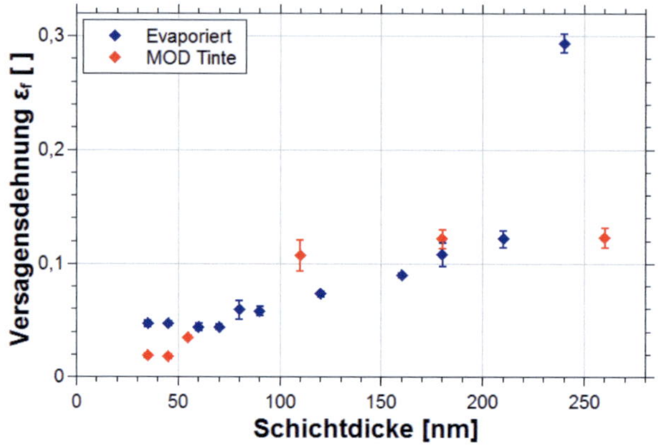

Abbildung 6.3: Versagensdehnungen von evaporierten (blau) und aus MOD Tinte hergestellten (rot) Proben für Schichtdicken zwischen 35 und 260 nm. Die Versagensdehnungen wurden aus den elektrischen Widerstandskurven der Zugversuche bestimmt. Aus je drei gleichen Versuchen wurde jeweils der Mittelwert und die Standardabweichung gebildet.

6.1.2 Charakterisierung der Rissmorphologie

Um die Rissentwicklung auch optisch verfolgen und charakterisieren zu können, wurden zusätzlich Zugversuche in einem Rasterelektronenmikroskop (REM) durchgeführt. Im Folgenden werden diese für kleine Schichtdicken um 45 nm, mittlere Schichtdicken um 110 nm und maximalen Schichtdicken um 240 nm dargestellt.

Die REM Bilder für die 45 nm dicken Silberschichten sind für drei Dehnungen in Abbildung 6.4 zusammengestellt. Erste Risse lassen sich in beiden Schichttypen ab 6 % Dehnung erkennen. In der flüssigprozessierten Probe sind mehrere und über die gesamte Oberfläche verteilte Risse sichtbar. In der evaporierten Schicht lassen sich vor allem an der Korngrenze zweier größerer Körner Risse lokalisieren. Durch Erhöhung der Dehnung auf 12 % nimmt die Rissanzahl in beiden Proben deutlich zu. Zur weiteren hochauflösenden Analyse wurde je eine Probe nach 20 % Verformung *ex-situ* untersucht. Dabei wurde auch mittels Ionenstrahl (FIB) lokal Material abgetragen, um den Schichtquerschnitt betrachten zu können.

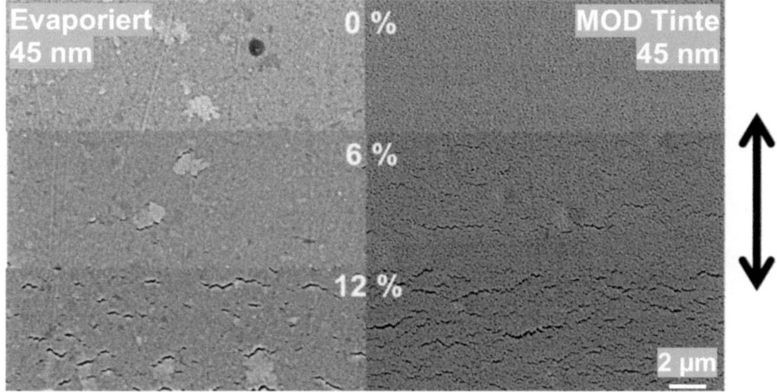

Abbildung 6.4: Rissentwicklung der evaporierten (links) und der aus MOD Tinte hergestellten (rechts) Silberschicht bei zunehmender Zugdehnung. Die Schichtdicke beträgt 45 nm und die Belastungsachse verläuft vertikal.

In Abbildung 6.5 sind die zugehörigen Bilder für 45 nm Schichtdicke dargestellt. Der Querschnitt der evaporierten Probe zeigt einen Riss ohne Delamination, der sich in Richtung Oberfläche leicht verjüngt. Die Rissmorphologie der aus MOD Tinte hergestellten Silberschicht wird stark geprägt von den einzelnen Partikeln, so sind Risse immer nur entlang der Partikelgrenze zu erkennen. Dies bestätigt sich auch bei Betrachtung der Querschnittsfläche. Hier wird zudem deutlich, dass die Schicht aus einer einzelnen Partikellage besteht.

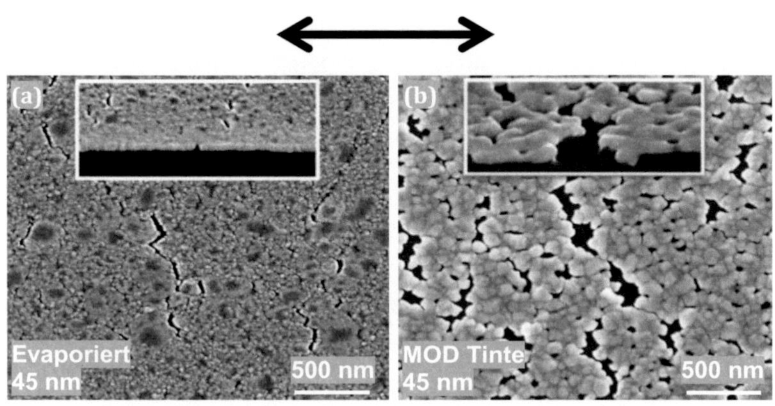

Abbildung 6.5: Rissmorphologie (a) einer evaporierten und (b) einer aus MOD Tinte hergestellten Silberschicht nach Belastung auf 20 % Dehnung. Die Schichtdicke beträgt 45 nm und die Belastungsachse verläuft horizontal. Die oberen Bildausschnitte zeigen den jeweiligen Querschnitt der Schicht um den Riss.

In Abbildung 6.6 ist die Rissentwicklung für Schichtdicken von 120 nm (evaporiert) bzw. 110 nm (MOD Tinte) dargestellt. Hier sind bei 6 % Dehnung nur in der evaporierten Schicht Risse erkennbar. Bei 12 % liegen wiederum in beiden Schichtsystemen Risse vor. Die später einsetzende Rissentwicklung in den flüssigprozessierten Silberschichten in diesem Schicht-dickenbereich stimmt mit den Ergebnissen der elektrischen Widerstandsmessungen überein. Die hochaufgelösten Bilder der entsprechenden Rissmorphologie sind in Abbildung 6.7 dargestellt. Die Risse der evaporierten Probe verlaufen entlang der Korngrenze eines stark plastisch deformierten Korns. Dies wird besonders deutlich bei Betrachtung des entsprechenden Querschnitts: durch Zwillingsbildung haben sich mehrere Zwillingsgrenzen gebildet. An der Korngrenze kommt es so zu Kompatibilitätsproblemen, die die Rissbildung verursachen. Die Silberschicht aus MOD Tinte zeigt sich deutlich dichter als bei 45 nm Schichtdicke. Es sind auch nicht mehr viele vereinzelte Risse sondern stattdessen hauptsächlich ein größerer Riss sichtbar.

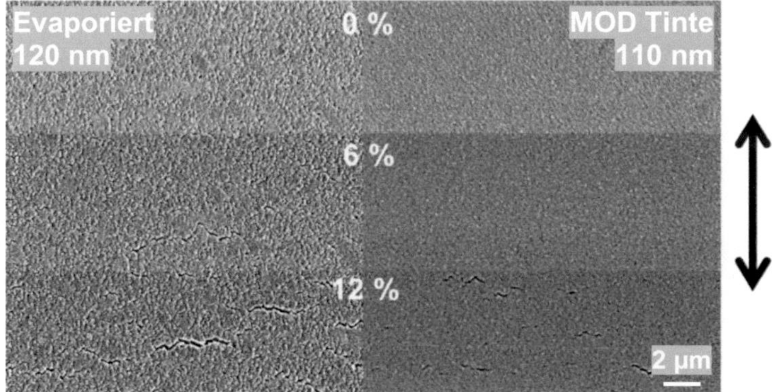

Abbildung 6.6 Rissentwicklung der evaporierten (links) und der aus MOD Tinte hergestellten (rechts) Silberschicht bei zunehmender Zugdehnung. Die Schichtdicken betragen 120 bzw. 110 nm. Die Belastungsachse verläuft vertikal.

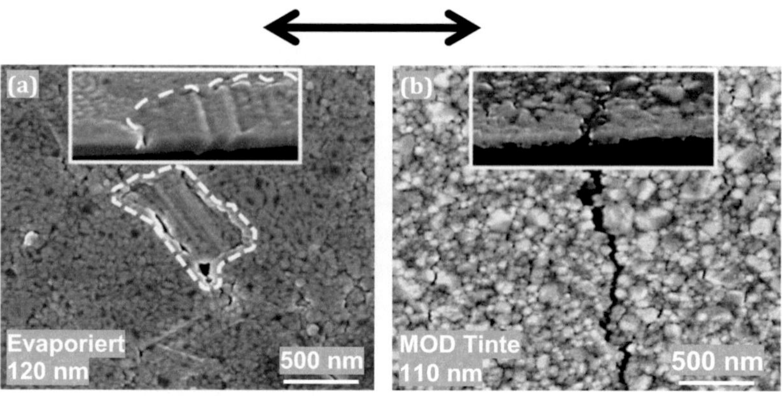

Abbildung 6.7: Rissmorphologie (a) einer evaporierten und (b) einer aus MOD Tinte hergestellten Silberschicht nach Belastung auf 20 % Dehnung. Die Schichtdicke beträgt 120 bzw. 110 nm. Die Belastungsachse verläuft horizontal. Die oberen Bildausschnitte zeigen den jeweiligen Querschnitt der Schicht um den Riss. Der Korngrenzenverlauf wird in (a) mit einer weißen Linie umrahmt.

Abschließend sind in Abbildung 6.8 die Rissentwicklungen für die maximalen Schichtdicken von 240 nm (evaporiert) bzw. 260 nm (MOD Tinte) dargestellt. In der evaporierten Schicht sind hier erst ab 30 % Dehnung Risse zu erkennen. Die Schicht zeigt zwar bei 20 % starke plastische Verformung in einzelnen Körnern, allerdings ohne dabei Risse auszubilden. Das Schädigungsverhalten der tintenbasierten Schicht ähnelt dem bei 110 nm Schichtdicke. Allerdings kann hier bei Dehnungen ab 20 % beobachtet werden, dass die Risse zickzackförmig verlaufen.

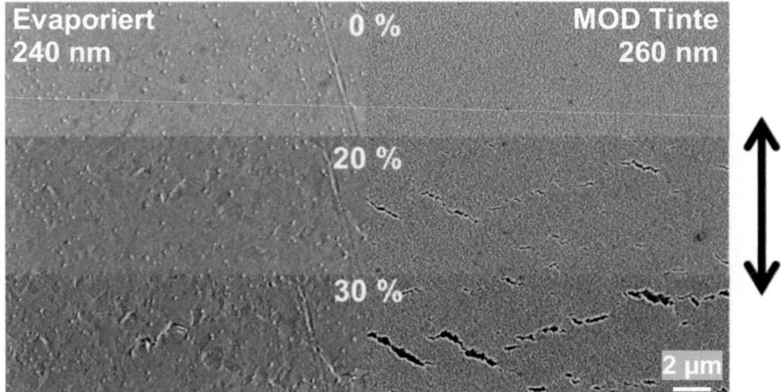

Abbildung 6.8: Rissentwicklung der evaporierten (links) und der aus MOD Tinten hergestellten (rechts) Silberschicht bei zunehmender Zugdehnung. Die Schichtdicken betragen 240 bzw. 260 nm. Die Belastungsachse verläuft vertikal.

Bei höher aufgelöster Betrachtung der Rissmorphologie der evaporierten Schicht in Abbildung 6.9 lässt sich erkennen, dass der Riss innerhalb eines Kornes verläuft und fast diagonal zur Zugrichtung orientiert ist. Der Querschnitt wurde in ein Korn kurz vor Rissausbildung gelegt. Dabei lassen sich lokale Delamination und Verjüngung im Korninneren feststellen. Die Probe aus MOD Tinte weist wie bei allen Schichtdicken Risse entlang der Partikelgrenzen auf. Im Querschnitt wird deutlich, dass nun mehrere Partikellagen die Silberschicht bilden. Teilweise ist der Riss nicht bis zur Oberfläche durchgängig, sondern wird von einzelnen Partikeln überbrückt.

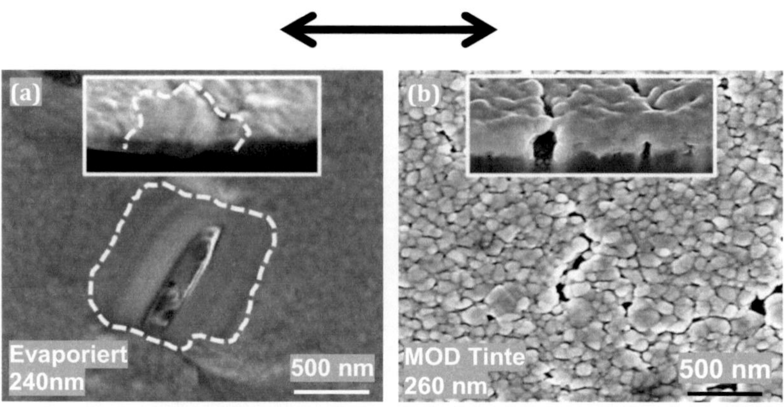

Abbildung 6.9: Rissmorphologie (a) einer evaporierten und (b) einer aus MOD Tinte hergestellten Silberschicht nach Belastung auf 20 % (MOD Tinte) bzw. 30 % (Evaporiert) Dehnung. Die Schichtdicke beträgt 240 bzw. 260 nm. Die Belastungsachse verläuft horizontal. Der Korngrenzenverlauf wird in (a) mit einer weißen Linie verdeutlicht. Der zugehörige Bildausschnitt zeigt den Querschnitt eines teilweise verjüngten und delaminierten Korns kurz vor Rissausbildung. In (b) ist der Querschnitt um den bereits gebildeten Riss gezeigt.

6.1.3 Synchrotron-basierte Messungen

Zur Messung der Gitterdehnung in den Silberschichten während der Zugbelastung, wurden synchrotron-basierte Messungen durchgeführt. Deren Berechnung erfolgte anhand des (311) Reflexes, da dieser am wenigsten vom Hintergrundrauschen beeinträchtigt wurde, wie bei Betrachtung des Beugungsbildes in Abbildung 6.10 nachvollzogen werden kann. Hier zeigen sich im Vergleich zu den PI-Substraten in Abbildung 5.7 auch zusätzliche Reflexe im Bereich zwischen 18° und 21°, die auf Beugung am teilkristallinen PET-Substrat zurückzuführen sind und die eine Auswertung der niedrig indizierten Silberreflexe stören.

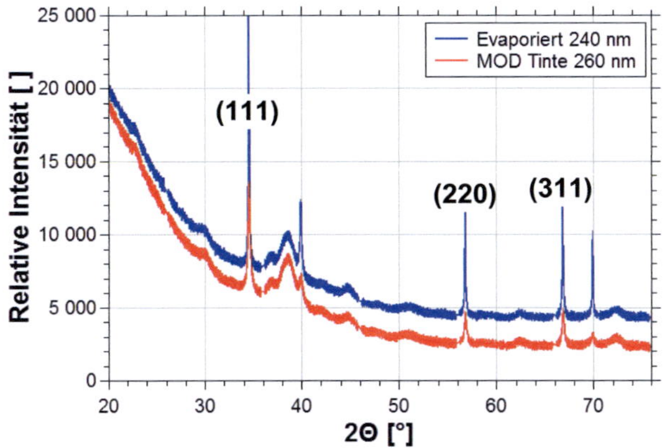

Abbildung 6.10: Beugungsbild der evaporierten (blau) und der aus MOD Tinte hergestellten (rot) Silberschicht im unbelasteten Zustand. Die Kurven sind um 2.000 Einheiten nach oben versetzt aufgetragen, um einen direkten Vergleich zu ermöglichen. Das Hintergrundrauschen nimmt mit steigendem 2θ Winkel ab. Die Reflexe im Bereich zwischen 18° und 21° werden durch Beugung am teilkristallinen PET-Substrat verursacht. Markiert sind die Reflexe, die zur Berechnung der Gitterdehnung oder der Korngröße verwendet wurden.

Der Verlauf der Gitterdehnung in Richtung der Belastungsachse bei zunehmender Zugdehnung ist in Abbildung 6.11 (a) aufgetragen. Allgemein zeigen die Kurven einen anfänglich linear elastischen Bereich. Durch das Einsetzen von plastischer Verformung oder Rissbildung stoppt der Anstieg der Gitterdehnung und ein anschließender Abfall wird erkennbar. Das Diagramm lässt erkennen, dass die Gitterdehnungen der flüssigprozessierten Silberschichten immer unter denen der evaporierten Schichten liegen. Dieses Verhalten trifft für alle Schichtdicken zu.

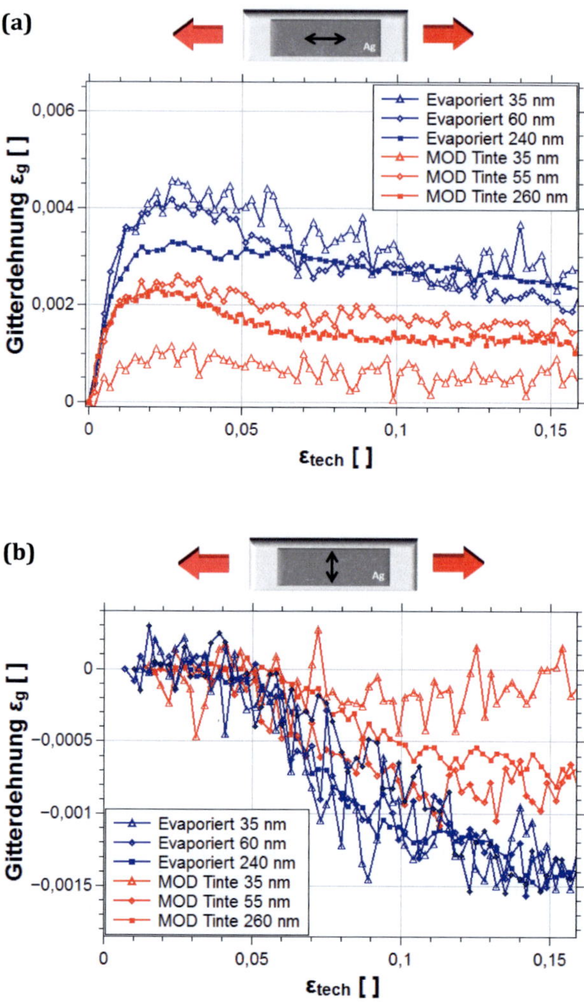

Abbildung 6.11: Verlauf der Gitterdehnung, der evaporierten (blau) und der aus MOD Tinte hergestellten (rot) Silberschichten mit zunehmender Zugbelastung. Aufgetragen sind Schichtdicken von 35 bis 260 nm. (a) zeigt die Gitterdehnung in Richtung der Belastungsachse, (b) senkrecht dazu.

Die Gitterdehnungen senkrecht zur Belastungsachse sind in Abbildung 6.11 (b) aufgetragen. Durch die niedrigere Querkontraktion der Schichten im Vergleich zum Substrat, bauen sich während der Verformung Druckgitterdehnung in den Silberschichten auf. Dass hier anders als beim PI-Substrat in Kapitel 5.1.3 keine Zuggitterdehnungen aufgebaut werden, deutet auf eine unterschiedliche Querkontraktion der PI-Substrate im Vergleich zu dem hier verwendeten PET-Substrat hin. Die so resultierenden Druckgitterdehnungen zeigen sich auch hier für alle Schichtdicken in den evaporierten Proben stärker ausgeprägt.

Anhand der Synchrotron-Daten wurde ebenfalls die Korngröße ermittelt. Dies erfolgte anhand der Reflexbreite und gemäß der Single-Line Methode nach De Keijser [71]. Für jede Probe wurde dabei der Mittelwert aus dem (111), (220) und (311) Reflex gebildet und in Abbildung 6.12 aufgetragen. Bei den Silberschichten aus MOD Tinte kann hierbei keine signifikante Schichtdickenabhängigkeit festgestellt werden. Der Mittelwert liegt in einem Bereich von 12,5 und 36,5 nm. Die evaporierten Proben dagegen zeigen einen Anstieg von 12,4 auf 56,0 nm Korngröße mit steigender Schichtdicke. Die evaporierten Schichten weisen ab Schichtdicken von 70 nm größere Körner auf als die tintenbasierten Proben.

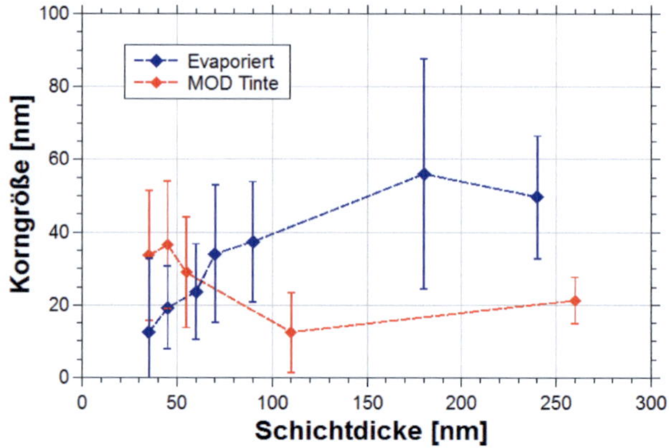

Abbildung 6.12: Korngröße der evaporierten (blau) und der aus MOD Tinte hergestellten (rot) Silberschichten in Abhängigkeit von der Schichtdicke. Die Berechnung erfolgte durch Bildung des Mittelwertes der berechneten Korngröße aus den (111), (220) und (311) Reflexen.

6.2 Ergebnisse für zyklische Biegebelastung

Zur Untersuchung der mechanischen Eigenschaften unter möglichst anwendungsorientierten Bedingungen wurden zusätzlich zu den monotonen Zugversuchen auch Biegeermüdungsversuche durchgeführt. Das Messprinzip der hierzu verwendeten Biegeermüdungsmaschine ist in Kapitel 3.3 beschrieben. In dieser Versuchsreihe wurde der Plattenabstand auf Werte zwischen 9,62 und 5,00 mm variiert, dadurch ergeben sich Zugdehnungsschwingbreiten in den Silberschichten in einem Bereich von 1,3 bis 2,5 %. Die Schichtdicke betrug bei den evaporierten Schichten 240 nm und bei den Schichten aus MOD Tinte 260 nm.

6.2.1 *In-situ* elektrische Widerstandsmessungen

In Abbildung 6.13 ist das elektrische Widerstandsverhalten mit steigender Zyklenzahl N exemplarisch für eine Dehnungsschwingbreiten von $\Delta\varepsilon$=1,7 % dargestellt. Prinzipiell kann bei steigendem Widerstand von Rissausbreitung in den Silberschichten ausgegangen werden. Gemäß dem in dieser Arbeit gewählten Versagenskriterium bei einem Widerstandsanstieg von 20 %, weisen die Schichten aus MOD Tinte im Vergleich zu den evaporierten bei $\Delta\varepsilon$=1,7 % eine 12,4-mal längere Lebensdauer auf.

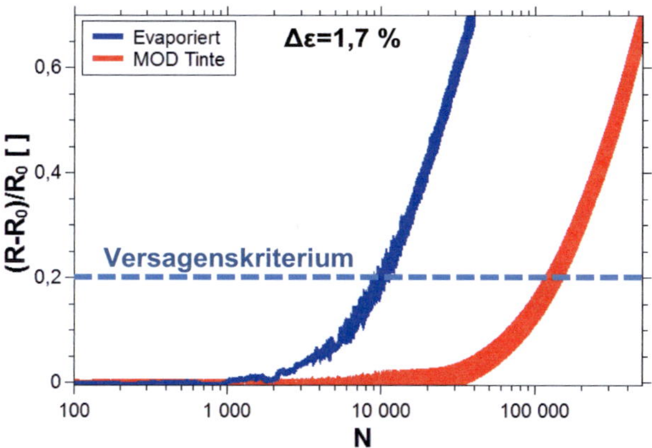

Abbildung 6.13: Anstieg des relativen elektrischen Widerstandes während der Biegeermüdung als Funktion der Zyklenzahl für evaporierte (blau) und aus MOD Tinte hergestellte (rot) Silberschichten.

Diesem Kriterium folgend wurden die Anzahl der Zyklen zum Versagen N_f für alle Dehnungsschwingbreiten bestimmt und in

Abbildung 6.14 aufgetragen. Proben mit einer Lebensdauer über 500.000 Zyklen sind als Durchläufer markiert. So zeigt sich für alle eingestellten Schwingbreiten eine höhere Lebensdauer der tintenbasierten Proben sowohl im HCF (High Cycle Fatigue) Bereich ab 10^4 Zyklen als auch im hier gemessenen Bereich des LCF (Low Cycle Fatigue) Intervalls mit Zyklenzahlen unter 10^4.

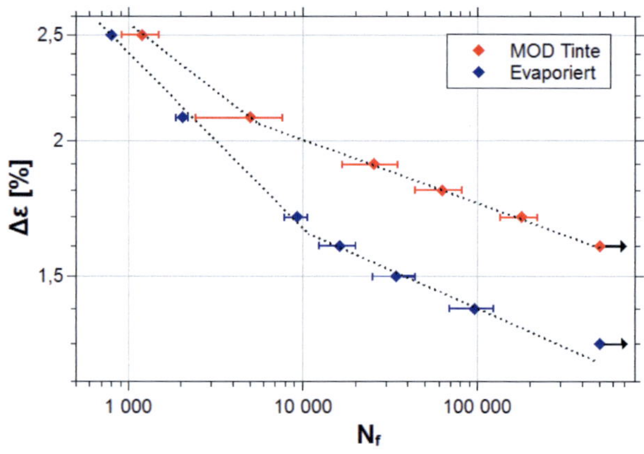

Abbildung 6.14: Anzahl der Zyklen zum Versagen in Abhängigkeit von der Dehnungsschwingbreite. Die Silberschichten aus MOD Tinte zeigen durchweg längere Lebensdauern.

6.2.2 Charakterisierung der Rissmorphologie

Zur Aufklärung des Einflusses der Mikrostruktur auf das Ermüdungsverhalten wurden die Proben nach Abschluss der Versuche im REM betrachtet. Im Folgenden sind immer die Silberschichten des Biegeermüdungsversuches mit $\Delta\varepsilon=1{,}7\,\%$ abgebildet. Diese sind repräsentativ für alle Proben, da ein grundlegender qualitativer Einfluss der Dehnungsschwingbreite auf das Schädigungsverhalten nicht festgestellt werden konnte. Abbildung 6.15 zeigt das Schädigungsbild im Überblick. Dabei ist zu erkennen, dass die evaporierte Probe eher kurze Risse aufweist. Im Gegensatz zur flüssigprozessierten Schicht, deren Risse teilweise die gesamte Probenbreite durchlaufen.

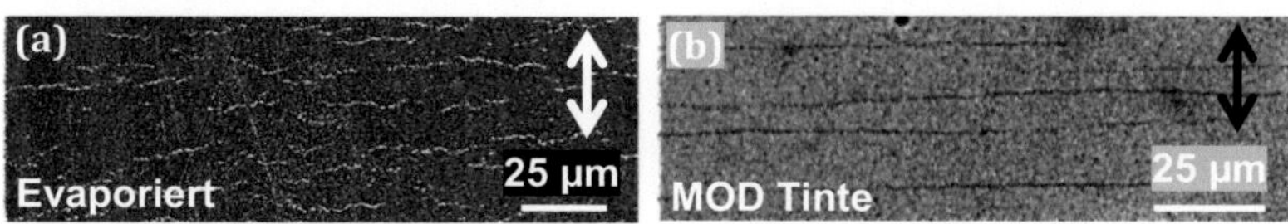

Abbildung 6.15: Rissmorphologie der ermüdeten Schichten nach 500.000 Zyklen im Überblick. Die evaporierte Probe in (a) zeigt eher kleinere und verzweigte Risse, während in (b) die aus MOD Tinte hergestellte Schicht größere und geradlinigere Risse entlang der gesamten Probenbreite erkennen lässt. Die Belastungsachse verläuft vertikal.

Beim Betrachten von einzelnen Rissen mit höherer Auflösung, wie in Abbildung 6.16, werden Extrusionen sichtbar. Diese bilden sich während der Rissinitiierungsphase und fungieren als Risskeime (siehe Kapitel 2.1.2). In der evaporierten Schicht lässt sich erkennen, dass sich entlang des gesamten Risses Extrusionen befinden. Die auf MOD Tinte basierende Schicht zeigt dagegen deutlich kleinere und nur sehr vereinzelt auftretende Extrusionen. In Abbildung 6.17 wurden Querschnitte in die in Abbildung 6.16 markierten Extrusionen gelegt. Die Extrusion der evaporierten Schicht zeigt sich dabei durch die gesamte Probendicke verlaufend, während in der flüssigprozessierten Schicht die Extrusion auf einzelne Partikel an der Oberfläche beschränkt sind. Im unteren Drittel der Schicht sind zudem viele Poren erkennbar.

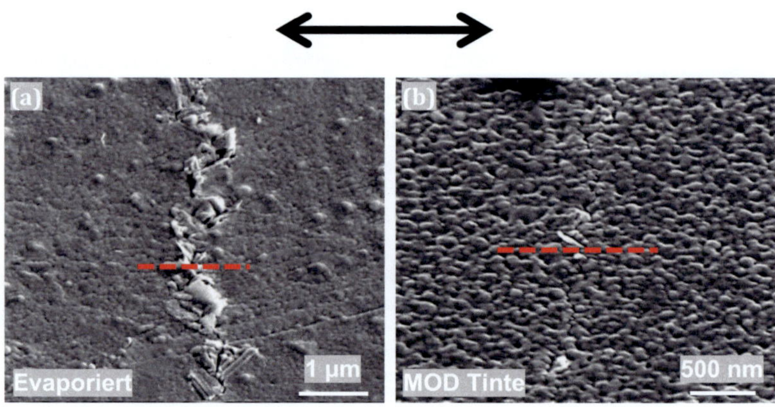

Abbildung 6.16: Ermüdungsriss nach 500.000 Zyklen im Detail. Der Riss der evaporierten Probe in (a) besteht durchgehend aus stark ausgeprägten Extrusionen, während der Riss der aus MOD Tinte hergestellten Schicht in (b) nur vereinzelte Extrusionen erkennen lässt. Die Belastungsachse verläuft vertikal.

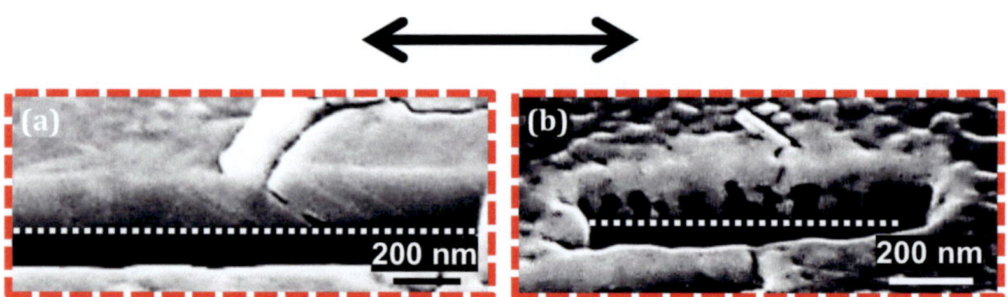

Abbildung 6.17: Querschnitte durch die in Abbildung 6.16 markierten Extrusionen. Die Extrusion der evaporierten Schicht in (a) verläuft durch die gesamte Probendicke. Die Extrusion der aus MOD Tinte hergestellten Schicht in (b) ist dagegen nur auf einzelne Partikel nahe der Oberfläche lokalisiert. Im unteren Bereich der Schicht ist starke Porositätsausbildung zu erkennen. Die Belastungsachse verläuft vertikal.

6.3 Diskussion

6.3.1 Schädigungsverhalten unter monotoner Zugbelastung

Betrachtet man die Versagensdehnung in Abhängigkeit von den Schichtdicken, wie in Abbildung 6.3 gezeigt, ist dabei sowohl für evaporierte als auch für aus MOD Tinte bestehende Schichten jeweils ein starker Anstieg zu beobachten.

Die **evaporierten Schichten** lassen diesen zwischen 210 und 240 nm Schichtdicke erkennen, dabei steigt die Versagensdehnung von 12 auf 24 %. Erklären lässt sich der Anstieg durch den Übergang von interkristallinem zu transkristallinem Risswachstum anhand der REM Bilder in Abbildung 6.7 und Abbildung 6.9. Dabei verlaufen die Risse erst an den Korngrenzen und bei höheren Schichtdicken innerhalb der Körner. Dieses Materialverhalten wird auch in der Literatur beschrieben [8]. Lu et al. untersuchten Kupferfilme auf Polyimid Substrat und ordneten den Übergang von inter- zu transkristalliner Rissbildung bei Schichtdicken zwischen 100 und 200 nm ein mit einem Anstieg der Versagensdehnung von 8,3 auf 17,8 %. Begründet wird der Übergang mit Einschränkungen auf die Versetzungsbewegung durch die geringe Schichtdicke [9]. Dadurch bauen sich erhöhte Spannungen innerhalb der Körner der Schicht auf, die zu einem relativ spröden Versagen an der Korngrenze führen, bevor Rissbildung innerhalb der Körner stattfinden kann. Transkristallinen Risse treten erst bei größeren Schichtdicken innerhalb größerer Körner auf und gehen mit Einschnürungen und Delamination entlang der Rissflanken einher [8]. Die Ergebnisse dieser Arbeit zu gasförmig aufgetragenen Schichten auf Polymersubstrat stimmen somit gut mit der Literatur überein und erweitern diese auf Silberschichten.

Abbildung 6.18 zeigt die maximale Gitterdehnung, der am Synchrotron gemessenen Kurven u.a. aus Abbildung 6.11. Je höher dieser Wert ausfällt, desto höhere Dehnungen werden während der Zugbelastung aufgebaut, bevor eine Sättigung der Gitterdehnung durch plastische Verformungsprozesse oder Rissbildung stattfindet. Der Anstieg der Gitterdehnung der evaporierten Schichten mit sinkender Schichtdicke deutet auf einen Größeneffekt hin. Je größer die Schichtdicken, desto weniger Gitterdehnung muss aufgebaut werden um plastische Verformungsprozesse zu starten (siehe Kapitel 2.1.1).

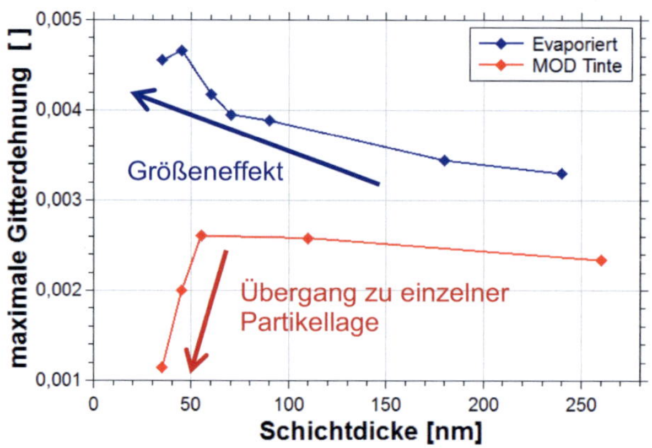

Abbildung 6.18: Maximale Gitterdehnung in Richtung der Belastungsachse in Abhängigkeit von der Schichtdicke.

In Abbildung 6.19 ist die maximale Gitterdehnung in Abhängigkeit von der Korngröße aufgetragen. Hier zeigt sich, dass höhere maximale Gitterdehnungen bei den evaporierten Schichten zum Teil auch auf kleinere Korngrößen zurückgeführt werden können. Da durch kleinere Korngrößen sowie kleinere Schichtdicken plastische Verformungsprozesse erschwert werden [7].

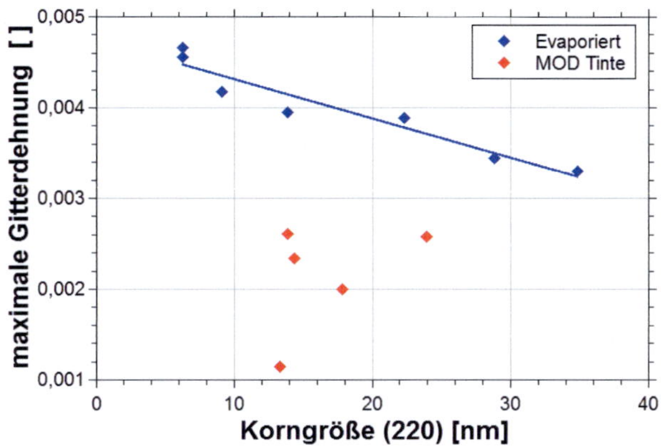

Abbildung 6.19: Maximale Gitterdehnung in Richtung der Belastungsachse in Abhängigkeit von der Korngröße. Da hier der relative Vergleich der beiden Schichtsyteme im Vordergrund stand, wurde die Korngöße lediglich aus dem (220) Reflex kalkuliert.

Die aus **MOD Tinte hergestellten Schichten** zeigen einen starken Anstieg der Versagensdehnung ab Schichtdicken zwischen 45 bis 110 nm (vgl. Abbildung 6.3). Dieser kann nicht auf den Übergang zu transkristallinen Rissen zurückgeführt werden, da die Risse bei allen Schichtdicken entlang der Partikelgrenzen verlaufen (vgl. Abbildung 6.5 und Abbildung 6.9). Ausschlaggebend ist hier viel mehr die Anzahl der Partikellagen aus denen die Schicht aufgebaut ist. Die Rissmorphologie zeigt, dass mindestens eine zweite Partikellage notwendig ist, um die Partikelverbindungen in der Einzellage zu entlasten. Auf diese Weise entsteht aus einem zwei dimensionalen ein drei dimensionales Partikelnetzwerk, in dem die Partikelverbindungen durch Brückenmechanismen verstärkt sind und somit ein Aufbrechen der Verbindungen hinausgezögert wird (siehe Abbildung 6.20 (a)). Eine dritte und jede weitere Partikellage führt anschließend zu keiner weiteren signifikanten Steigerung der Versagensdehnung mehr. In Abbildung 6.18 ist auch die maximale Gitterdehnung der MOD tintenbasierten Silberschichten aufgetragen. Die auf die maximale Gitterdehnung folgende Sättigung und schließlich auch der Abfall der Gitterdehnung kann dabei mit einem Aufbrechen der Partikelverbindungen interpretiert werden, wodurch eine Relaxation im Atomgitter der Partikel stattfinden kann. Die maximale Gitterdehnung ist somit ein Maß für die Stärke aller Partikelverbindungen im Netzwerk. Dabei zeigt sich in Abbildung 6.18 erneut, dass zum Aufbau höherer Gitterdehnung die Verstärkung einer zweiten Partikellage notwendig ist. Weitere Partikellagen führen, wie man auch an der Versagensdehnung sehen kann, zu keiner zusätzlichen Verstärkung. Bei Auftragung der maximalen Gitterdehnung über die Korngröße in Abbildung 6.19 ist bei den tintenbasierten Schichten keine klare Abhängigkeit zu erkennen. Das liegt zum einen daran, dass die Partikelgröße und somit auch die mit der Partikelgröße korrelierende Korngröße bei den MOD Tinten Schichten nicht unmittelbar von der Schichtdicke abhängt (vgl. Abbildung 6.12). Zum anderen spielt durch das Versagen an den Partikelverbindungen die Versetzungsplastizität innerhalb der Körner eine untergeordnete Rolle. Entscheidend zum Aufbau höherer Gitterdehnung ist hier vielmehr die Anzahl der Partikellagen im Netzwerk, die von der Korngröße unabhängig ist.

Die Haupteinflussfaktoren auf die Rissbildung für beide Schichttypen je nach Schichtdicke sind in Abbildung 6.20 (a) zusammengefasst. Abbildung 6.20 (b) skizziert den daraus resultierenden Einfluss auf die Versagensdehnung. Dabei zeigt sich ein Intervall zwischen 110 und 210 nm, in dem eine höhere Versagensdehnung der flüssigprozessierten Schichten zu erwarten ist. Dieses Verhalten überrascht, da im allgemeinen Verständnis durch Porosität lokale Spannungskonzentrationen in den Schichten verursacht werden, die in der Regel zu einer Reduktion der mechanischen Eigenschaften führen.

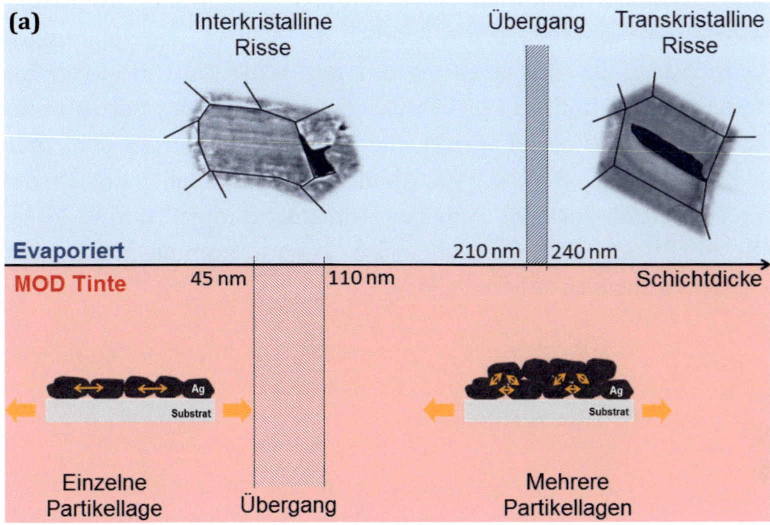

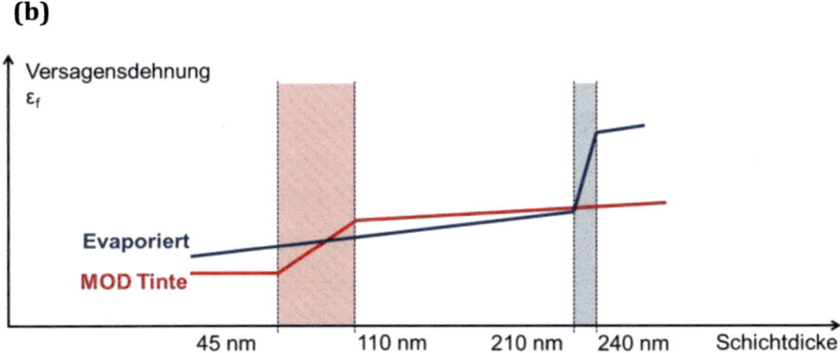

Abbildung 6.20: (a) Haupteinflussfaktoren auf die Rissbildung der Silberschichten im Zugversuch in Abhängigkeit von der Schichtdicke. Die evaporierten Schichten zeigen einen Übergang von interkristallinen zu transkristallinen Rissen. In den aus MOD Tinte basierenden Schichten ist eine zweite Partikellage notwendig um die Partikelverbindungen zu verstärken. (b) Auswirkung der Haupteinflussfaktoren auf die Versagensdehnung. Zu erkennen ist der Schichtdickenbereich zwischen 110 und 210 nm, bei dem die flüssigprozessierten Schichten höhere Versagensdehnungen aufweisen.

Als Erklärung für diesen Effekt können zwei Gründe aufgeführt werden. Als erstes sind die deutlich geringeren Gitterdehnungen in Richtung der Zugbelastung der aus MOD Tinte bestehenden Schichten anzuführen (vgl. Abbildung 6.18). Im hier betrachteten Schichtdickenintervall weisen die flüssigprozessierten Schichten kleinere Korngrößen auf (vgl. Abbildung 6.12), folglich müsste der Größeneffekt eher zu höheren Gitterdehnungen führen. Dass dieser Effekt letztlich nicht zum Tragen kommt, kann zwei Ursachen zugeschrieben werden.

- Durch Mikrorisse, die keine messbare Auswirkung auf den elektrischen Widerstand bewirken, kommt es zu einem Abbau der Gitterdehnung.

- Durch die Porosität wird der Aufbau von Dehnungen in den Silberpartikeln vermindert. Die Porosität schafft zusätzliche Freiräume, verringert die strukturelle Steifigkeit des Partikelnetzwerkes und führt somit zu einem verzögerten Aufbau von Gitterdehnungen. Diese Annahme bestätigt sich auch bei genauerer Betrachtung der Steigungen der Gitterdehnung im elastischen Bereich in Abbildung 6.21. Mit größerer Schichtdicke nimmt die Steigung dabei tendenziell zu. Ein solcher Effekt ist bei den evaporierten Schichten nicht zu erkennen. Es besteht wahrscheinlich auch ein Einfluss der Restorganik auf die MOD Schichten, die sich innerhalb der Porosität befindet, und die strukturelle Nachgiebigkeit des Gesamtschichtsystems ebenfalls beeinflusst.

Als zweiter Grund für die niedrigere Versagensdehnung der flüssigprozessierten Proben kann eine Verringerung von Kompatibilitätsproblemen angrenzender Körner und Partikel durch die höhere Porosität dargelegt werden. Diese lassen sich an stark plastisch verformten größeren Körnern der evaporierten Schicht erkennen, die zu Rissen an den Korngrenzen führen (vgl.

Abbildung 6.7 (a)). Die flüssigprozessierten Schichten zeigen ein solches Verhalten nicht. Das liegt zum einen an den kleineren Korngrößen, wodurch die plastische Verformung einzelner Körner durch den Größeneffekt reduziert wird. Zum anderen kann sich das Partikelnetzwerk in angrenzende Poren verformen und verhindert dadurch ein Auftreten von Rissen aufgrund von Kompatibilitätsproblemen.

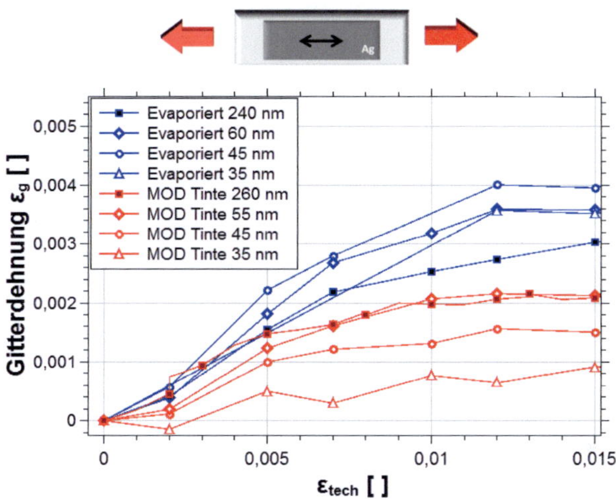

Abbildung 6.21: Verlauf der Gitterdehnung in Richtung der Belastungsachse bis 1,5 % Dehnung, der evaporierten (blau) und der aus MOD Tinte hergestellten (rot) Silberschichten. Aufgetragen sind Schichtdicken von 35 bis 260 nm. Tendenziell nimmt die Steigung der Gitterdehnung im elastischen Bereich bei den MOD Schichten mit größeren Schichtdicken zu.

6.3.2 Schädigungsverhalten unter zyklischer Biegebelastung

Bei den Biegeermüdungsversuchen konnten deutlich bessere mechanische Eigenschaften der aus MOD Tinte bestehenden Silberschichten gegenüber evaporierten Schichten nachgewiesen werden. Bei allen getesteten Dehnungsschwingbreiten zeigten die flüssigprozessierten Schichten längere Lebensdauern (vgl. Abbildung 6.14). Für dieses Verhalten werden im Folgenden drei Begründungen anhand der mikrostrukturellen Unterschiede diskutiert.

Als erste Erklärung für dieses Verhalten sind die unterschiedlichen **Korngrößen** der beiden Schichtsysteme anzuführen. Diese betragen 49,7 ± 16,9 nm für die evaporierten und 21,3 ± 6,4 nm für die MOD tintenbasierten Proben. In der Literatur ist seit längeren bekannt, dass kleinere Korngrößen zu einer Verlängerung der Lebensdauer im HCF Bereich führen [29]. Dieses Phänomen wird im Allgemeinen damit erklärt, dass im HCF Bereich die Lebensdauer vom Ermüdungsfestigkeitskoeffizienten σ'_B gesteuert wird (siehe Kapitel 2.1.2) [96; 97]. Dieser korreliert mit der Zugfestigkeit [98]. Die Zugfestigkeit kann wiederum der Hall-Petch Beziehung folgend durch kleinere Korngrößen erhöht werden, wodurch längere Lebensdauern bei den MOD tintenbasierten Silberschichten zu erzielen wären. Dieses Verständnis bezieht sich aber eher auf Massivmaterialien und kann hier aufgrund der scheinbar geringeren Zugfestigkeit der MOD Schichten nicht angewendet werden. Diese Annahme ergibt sich aus den niedrigeren maximal erreichten Gitterdehnungen wie sie u.a. in Abbildung 6.22 dargestellt sind. Dass trotzdem höhere Lebensdauern erzielt werden, lässt sich dadurch begründen, dass während der monotonen Zugversuche nicht die intrinsische Zugfestigkeit der Partikel sondern die Festigkeit der Partikelverbindungen die versagensrelevante Komponente darstellt. Dies zeigt sich auch anhand der vollständig interkristallinen Rissbildung (vgl. Abbildung 6.9). Für die Biegeermüdungsversuche ergibt sich vermutlich ein anderer Versagensmechanismus. Die auftretenden Maximaldehnungen sind hier zu gering um ein spontanes Aufbrechen der Partikelverbindungen zu bewirken. Die Rissbildung wird stattdessen durch plastische Verformung und die Bildung von Extrusionen innerhalb der Partikel ausgelöst. Somit stellt bei dieser Belastung tatsächlich die intrinsische Festigkeit der Partikel die entscheidende Komponente dar. Durch kleinere Korngrößen wird die Versetzungsplastizität reduziert und die Festigkeit der Partikel erhöht. Letztendlich wird so die Bildung von Extrusionen verzögert und somit die Lebensdauer der MOD Schicht verlängert.

Die zweite Begründung ergibt sich aus der **Struktur der Extrusionen** in den beiden Schichtsystemen. Während die Extrusionen der evaporierten Probe die gesamte Schichtdicke durchqueren, lassen sie sich bei den tintenbasierten Proben lediglich im oberen Drittel der Schicht lokalisieren (vgl. Abbildung 6.17). Die Vorstufe von Extrusionen ist die Ausbildung von Gleitbändern in der Mikrostruktur. Durch die geringere Korngröße und Versetzungsannihilation an den freien Oberflächen der nanoporösen Struktur ist die Versetzungsbewegung aber eingeschränkt und die Bildung von Ermüdungsstrukturen wie Gleitbändern wird gestört. Dieses Phänomen wurde auch an den Schichten aus NP Tinte aus Kapitel 5 beobachtet [66].

Die dritte Erklärung bezieht sich auf die **Anzahl der Extrusionen**. Eine Ursache dafür kann aus der Auftragung der Gitterdehnung in Abbildung 6.22 entnommen werden. Wie schon bei den Zugversuchen diskutiert, scheint die nanoporöse Mikrostruktur der aus MOD Tinte bestehenden Schichten die strukturelle Steifigkeit und somit auch den Dehnungsaufbau zu reduzieren. Zu erkennen ist das an der geringeren Steigung der Gitterdehnung im elastischen Bereich. Durch Annähern dieses Bereiches mit einer Geraden, konnte die plastische Dehnung abgeschätzt werden und ist für zwei Dehnungsschwingbreiten in Tabelle 6.1 angegeben. Die plastische Dehnung liegt dabei für beide Schichtsysteme im Rahmen dieser einfachen Abschätzung in einem ähnlichen Bereich. Dadurch und auch durch die zwei zuvor aufgeführten Begründungen lässt sich die viel geringere Anzahl von Extrusionen in ermüdeten flüssigprozessierten Schichten im Vergleich zu evaporierten Schichten erklären (vgl. Abbildung 6.16).

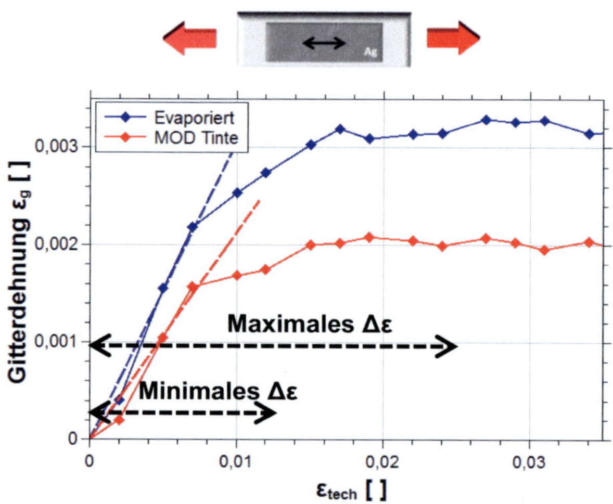

Abbildung 6.22: Gitterdehnungen in Richtung der Belastungsachse mit zunehmender Zugbelastung. Zusätzlich aufgetragen sind das minimale und maximale $\Delta\varepsilon$ in dem die Biegeermüdungsversuche durchgeführt wurden.

Tabelle 6.1: Abschätzung der plastische Dehnungsschwingbreite während der Biegeermüdungsversuche: Dazu wurde anhand der Gitterdehnungsauftragung in Abbildung 6.22 bei der angegebenen minimalen und maximalen Dehnungsschwingbreite die Differenz zwischen der erwarteten elastischen Gitterdehnung (gestrichelte Linien) und den gemessenen Werten $\Delta\varepsilon$ bestimmt.

	Dehnungsschwingbreite	Plastische Dehnung
Evaporiert	1,3 %	0,38 %
MOD Tinte		0,45 %
Evaporiert	2,5 %	1,45 %
MOD Tinte		1,56 %

Zu erwähnen ist noch, dass sich der lebensdauerverlängernde Effekt der flüssigprozessierten Silberschichten nur auf die Rissinitiierungsphase auswirkt. Die hier über die gesamte Probenbreite verlaufenden und damit deutlich längeren Risse als bei den evaporierten Proben (vgl. Abbildung 6.15) deuten auf ein viel schnelleres und sprödes Wachstum der Risse in der Rissausbreitungsphase hin. Die Risse in den MOD tintenbasierten Proben verlaufen entlang der relativen spröden Partikelgrenzen, die dem Risswachstum wenig Widerstand entgegen setzen. Dagegen ist bei den überwiegen transkristallinen Rissen der evaporierten Probe von langsam wachsenden Rissen auszugehen. Dass die Rissausbreitungsphase für die Gesamtlebensdauer im Endeffekt jedoch nur wenig ausschlaggebend ist, zeigt die deutlich längere Lebensdauer der aus MOD Tinte bestehenden Silberschichten trotz der kürzeren Rissausbreitungsphase.

6.4 Vergleich zu nanopartikulären Tinten

Zusätzlich zu den MOD basierten Tinten wurden auch aus nanopartikulärer (NP) Tinte bestehende Silberschichten der Firma InkTec Co. Ltd. (Südkorea, Produktbezeichnung: „TEC-PR-020") auf PET Substrat mechanisch untersucht. Die Schichtdicke betrug dabei 2 µm und lag prozessbedingt deutlich höher als bei den evaporierten (240 nm) und aus MOD Tinte bestehende Schichten (260 nm). Die wie die MOD Proben ebenfalls gerakelten NP Proben wurden der gleichen Wärmebehandlung wie die MOD Tinten unterzogen. Die Korngrößen der gesinterten Schicht betrugen 20,6 nm ± 4,3. Die elektrischen Widerstandwerte während der Zugbelastung sind in Abbildung 6.23 (a) dargestellt.

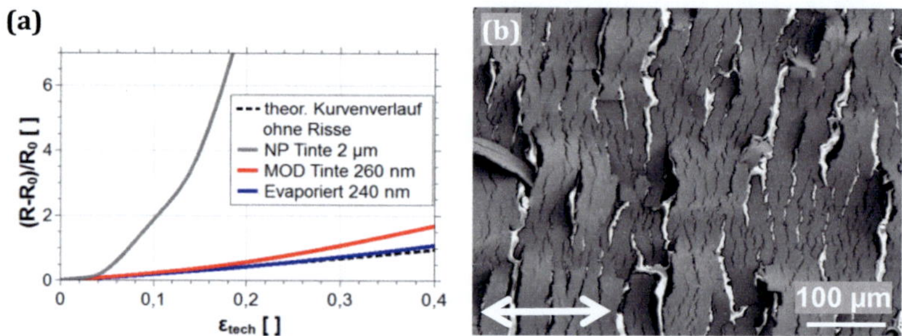

Abbildung 6.23: (a) Relativer Anstieg des elektrischen Widerstandes während der Zugbelastung für Schichten aus MOD (rot) und NP Tinte (grau) sowie für evaporierte Schichten (blau). (b) Rissschädigung einer aus NP Tinte hergestellten Schicht nach Belastung auf 20 %. Die Belastungsachse verläuft horizontal.

Dabei weisen die NP tintenbasierten Schichten bereits ab 3,5 % ± 0,36 Risse auf. Zudem ist eine deutliche Zunahme der Steigung in der Widerstandskurve ab 12 % zu erkennen, der sich auf Buckling zurückführen lässt, wie die Rissmorphologie in Abbildung 6.23 (b) bestätigt. Die Aufnahme zeigt massivere Schädigung im Vergleich zu den beiden anderen Schichtsystemen (vgl. Abbildung 6.8).

Die synchrotron-basierten Messungen der Gitterdehnungen sind in Abbildung 6.24 aufgetragen. Die Gitterdehnung parallel zur Zugbelastung weist dabei fast keinen Anstieg für die NP tintenbasierten Schichten auf. Die Partikelverbindungen sind durch die mit 150 °C für NP Tinten niedrigen Temperaturen während der Wärmebehandlung noch derart schwach ausgeprägt, so dass fast keine Gitterdehnungen in Zugrichtung aufgebaut werden können. Ein anderes Bild zeigt sich bei den Gitterdehnungen senkrecht zur Belastungsachse, hier erreichen die Schichten aus NP Tine das Niveau derer aus MOD Tinte. Diese Ergebnisse zeigen, dass sich bei Schichten aus MOD Tinte im Vergleich zu Schichten aus NP Tinte bei gleicher Wärmebehandlung deutlich stärkere Partikelverbindungen aufbauen lassen.

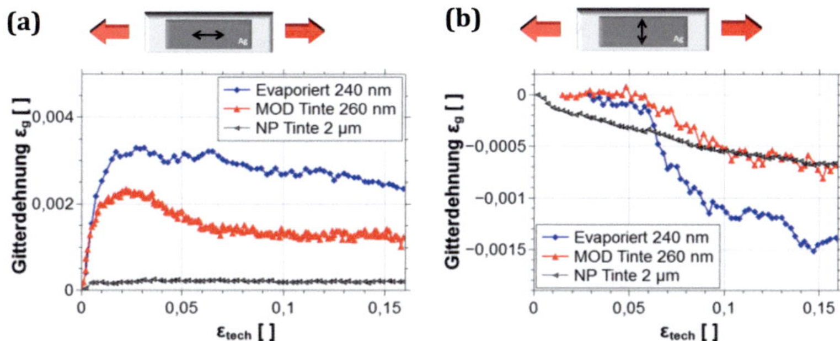

Abbildung 6.24: Verlauf der Gitterdehnung der aus MOD (rot) und NP Tinte (grau) hergestellten und der evaporierten (blau) Silberschichten mit zunehmender Zugbelastung: (a) zeigt die Gitterdehnung in Richtung der Belastungsachse, (b) senkrecht dazu.

Während der Biegeermüdung wiesen die Schichten aus NP Tinte nur sehr geringe Anstiege des elektrischen Widerstandes durch Rissentwicklung auf, daher wurde das Versagenskriterium für die Anzahl der Zyklen zum Versagen in Abbildung 6.25 für alle Schichtsysteme auf 5 % gesenkt. Die NP tintenbasierten Schichten zeigen dabei Lebensdauern ähnlich denen der evaporierten Schichten. Diese Ergebnisse decken sich mit denen von Sim et al. [6]. Die Lebensdauern sind allerdings deutlich kürzer als die der Schichten aus MOD Tinte. Nach der Ermüdung lassen die Schichten aus NP Tinte keinerlei Extrusionen erkennen. Die Risse sind an der Oberfläche kaum sichtbar. Erst der Querschnitt in Abbildung 6.26 lässt einen feinen Riss durch die gesamte Probendicke erkennen. Durch diese sehr feinen Risse im Vergleich zu den anderen Proben lässt sich der geringere Widerstandsanstieg während des Biegeermüdungsversuches erklären

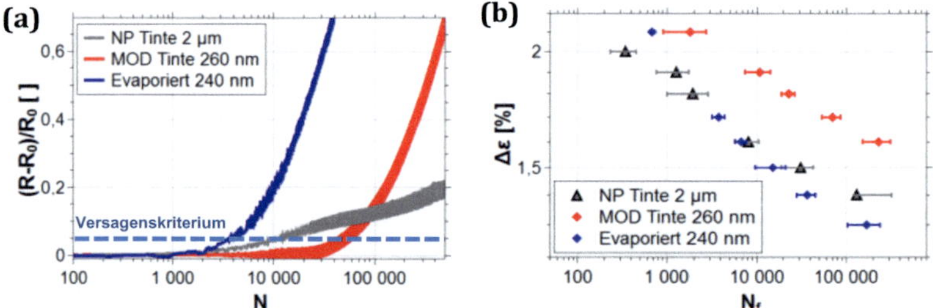

Abbildung 6.25: (a) Anstieg des relativen elektrischen Widerstandes während der Biegeermüdung als Funktion der Zyklenzahl für evaporierte (blau) und aus MOD (rot) bzw. NP Tinte (grau) hergestellte Silberschichten bei einer Dehnungsschwingbreite von 1,7 %. (b) Anzahl der Zyklen zum Versagen in Abhängigkeit von der Dehnungsschwingbreite.

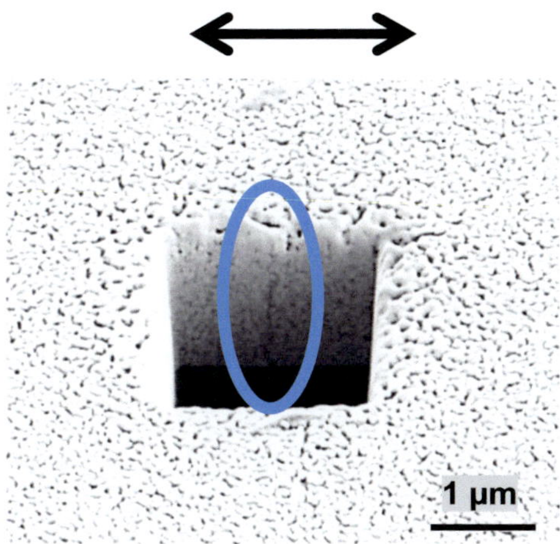

Abbildung 6.26: Querschnitt in eine biegeermüdete Silberschicht aus NP Tinte nach 500.000 Zyklen bei einer Dehnungsschwingbreite von 1,7 %. Die Belastungsachse verläuft vertikal. Der Riss (blau umrahmt) lässt sich nur im Querschnitt und nicht an der Oberfläche erkennen.

6.5 Einordnung der Ergebnisse mit Literaturwerten

Die zum Zeitpunkt der Niederschrift dieser Arbeit aktuellste Veröffentlichung zum Thema mechanischer Eigenschaften von flüssigprozessierten Silberschichten auf Polymersubstrat ist die Arbeit von Sim et al. [91]. Diese beschäftigt sich mit nanopartikulären (NP) Tinten auf PET Substrat und zeigt ebenfalls einen Vergleich zu evaporierten Schichten. Zu den mechanischen Eigenschaften von MOD Tinten wurde keine Literatur gefunden.

Die hier gezeigten Werte der Versagensdehnung für evaporierte Proben sind vergleichbar mit denen von Sim et al., wie Tabelle 6.2 entnommen werden kann.

Tabelle 6.2: Versagensdehnungen aus dieser Arbeit im Vergleich mit den Ergebnissen von [91].

Schichtdicke [nm]	Versagensdehnung			
	Evaporiert		NP Tinte	MOD Tinte
	Sim et al. [91]	*diese Arbeit*	*Sim et al.* [91]	*diese Arbeit*
100 nm	*4,3 %* *± 0,9*		*4,7 %* *± 0,7*	
90 nm		5,8 % ± 0,4		
110 nm				10,7 % ± 0,9
380 nm	*22,1 %* *± 0,6*		*3 %* *± 1,2*	
240 nm		29,4 % ± 0,8		
260 nm				12,3 % ± 0,9

Die Versagensdehnungen der MOD tintenbasierten Schichten liegen immer mindestens um den Faktor zwei über denen der NP Tinten. Sim et al. postulieren eine Abnahme der mechanischen Eigenschaften im Zugversuch für NP Tinten mit zunehmender

Schichtdicke aufgrund der steigenden Porosität. In dieser Arbeit zeigte sich dieser Effekt nicht. Sim et al. zeigen zudem vergleichbare Versagensdehnungen von evaporierten und gedruckten Proben bei Schichtdicken von 100 nm. Die hier aufgeführten Ergebnisse zeigen teilweise bessere Zugeigenschaften der MOD basierten Schichten gegenüber evaporierten Schichten. Sim et al. führen auch vergleichbare Lebensdauern bei Zugermüdung von evaporierten Schichten und Schichten aus NP Tinten für Schichtdicken von 100 nm auf. In dieser Arbeit sind höhere mechanische Belastbarkeiten von MOD basierten Proben während der Biegeermüdung im Vergleich zu evaporierten Schichten nachgewiesen worden. Die Schichtdicken liegen mit 240 bzw. 260 nm allerdings höher als die in der Literatur beschriebenen mit 100 nm.

6.6 Zusammenfassung

In diesem Kapitel wurden die mechanischen Eigenschaften von Silberschichten aus MOD Tinte mit evaporierten Schichten auf PET Substrat verglichen. Im Zugversuch wurden Schichtdicken zwischen 35 und 260 nm getestet. Für die evaporierten Proben zeigte sich dabei ein Übergang von interkristallinen zu transkristallinen Rissen bei Schichtdicken über 240 nm. Bei den flüssigprozessierten Schichten war es für höhere Versagensdehnungen von besonderer Bedeutung, dass diese aus mindestens zwei Partikellagen bestanden, wodurch die Verbindungen der Partikel im Netzwerk entlastet wurden. In einem Schichtdickenintervall zwischen 110 und 210 nm wurden höhere Versagensdehnungen für die MOD tintenbasierten Schichten gemessen. Dieser Effekt wurde zum einem mit geringere Kompatibilitätsproblemen im nanoporösen Partikelnetzwerk begründet. Zum anderen konnte mit synchrotron-basierten Gitterdehnungsmessungen nachgewiesen werden, dass die Mikrostruktur im Partikelnetzwerk der flüssigprozessierten Proben zu einem reduzierten Aufbau von Gitterdehnungen in den Partikeln führt.

Bei den Biegeermüdungsversuchen wiesen die MOD tintenbasierten Schichten für alle getesteten Dehnungsschwingbreiten längere Lebensdauern auf. Für dieses Verhalten wurden drei Begründungen dargelegt:

- Die nanoporöse Mikrostruktur der MOD basierten Schichten erhöht die strukturelle Nachgiebigkeit und reduziert so die plastische Dehnung.

- Bei den Schichten aus MOD Tinte stellt die intrinsische Festigkeit der Partikel für die Rissinitiierung eine entscheidende Komponente dar. Die geringeren Korngrößen der Schichten aus MOD Tinte erhöhen diese Festigkeit und reduzieren so die Versetzungsplastizität innerhalb der Partikel. Dadurch wird die Bildung von Extrusionen verzögert.

- Durch die nanoporöse Struktur wird durch Versetzungsannihilation an den freien Oberflächen der Poren die Bildung von Ermüdungsstrukturen wie Extrusionen verzögert.

Zusammenfassend zeigt dieses Kapitel, dass durch flüssigprozessierte Herstellung von Silberschichten auf flexiblem Substrat sich nicht nur die Herstellungskosten senken lassen, sondern auch in bestimmten Fällen Verbesserungen der mechanischen Eigenschaften erzielt werden können.

7 Ausblick

In dieser Arbeit wurde gezeigt, dass die Mikrostruktur in tintenbasierten Silberschichten trotz der enthaltenen Porosität nicht zwangsweise zu einer Verschlechterung der mechanischen Eigenschaften führt. Derartige Schichten zeigen teilweise sogar spätere Rissentwicklung im Zugversuch als evaporierte Schichten. So wurden bei Silberschichten aus metallorganischer Tinte in einem Schichtdickenbereich zwischen 110 und 210 nm größere Versagensdehnungen gemessen. Die Ergebnisse dieser Arbeit machen deutlich, dass flüssigprozessierte Schichten im Allgemeinen andere Versagensmechanismen aufweisen als gasförmig abgeschiedene. Den Partikelverbindungen kommt hier eine große Bedeutung zu, da Risse im nanoporösen Partikelnetzwerk immer entlang dieser Verbindungen verlaufen. Diese Mikrostruktur führt auch zu einer reduzierten Aufbau von Gitterdehnungen in die Silberschicht, wie in synchrotron-basierten Messungen nachgewiesen wurde. Erklärt wurde dieser Effekt u.a. mit einer reduzierten strukturellen Nachgiebigkeit aufgrund der Porosität und Restorganik. Insgesamt zeigte sich dieses Netzwerk aus Partikeln, Porosität und Restorganik als sehr komplex in seinem Aufbau. Durch die Wärmebehandlung in Kapitel 5 wurden zu viele mikrostrukturelle Eigenschaften gleichzeitig verändert, um den Einfluss jeder einzelnen auf die mechanischen Eigenschaften genau bestimmen zu können. Hierzu müssten Simulationen durchgeführt werden, um den Einfluss einzelner Parameter wie Korngröße, Porosität oder den Anteil an Organik in der Schicht gezielt zu untersuchen und das mechanische Verhalten des Partikelnetzwerkes im Detail zu analysieren. Aus Sicht der Anwendung machen aber gerade die längeren Lebensdauern der aus Tinte hergestellten Schichten deutlich, dass mit derartigen Schichten ein mechanisch zuverlässiger und kostengünstiger Ersatz im Vergleich zu evaporierten Schichten besteht.

Als problematisch in Bauteilen erweisen sich vielmehr die Anodenschichten aus ITO mit Versagensdehnungen um 1 % Dehnung. Langfristig steht hier erst mit sehr dünnen Graphenschichten oder Schichten bestehend aus Kohlenstoffnanoröhrchen ein äquivalenter Ersatz in Aussicht. Durch entsprechende Ausrichtung der Stromflussrichtung zur Belastungsachse konnte in dieser Arbeit allerdings ein Weg aufgezeigt werden, einzelne Risse in ITO-Schichten für die Funktionalität tolerierbar zu machen. Außerdem wurde in linienförmig strukturierte Silberschichten (Silbergrids) mit PEDOT:PSS Zwischenschicht eine mechanisch zuverlässigere Alternative zu ITO gefunden, wobei allerdings die nicht planare Oberfläche zu Problemen führen kann. Hier ist weitere Forschung notwendig, um ein entsprechendes Design für Bauteile zu entwickeln, in denen solche Schichtsysteme als Anode eingesetzt werden können.

Literaturverzeichnis

[1]   **Keller, R. R., Phelps, J. M. und Read, D. T.** Tensile and fracture behavior of free-standing copper films. *Materials Science and Engineering: A.* 1996, Bd. 214, 1, S. 42-52.

[2]   **Li, T., Huang, Z. Y., Xi, Z. C., Lacour, S. P., Wagner, S. und Suo, Z.** Delocalizing strain in a thin metal film on a polymer substrate. *Mechanics of Materials.* 2005, Bd. 37, 2, S. 261-273.

[3]   **Lu, N., Wang, X., Suo, Z. und Vlassak, J.** Metal films on polymer substrates stretched beyond 50%. *Applied Physics Letters.* 2007, Bd. 91, 22, S. 221909.

[4]   **Arzt, E.** Size effects in materials due to microstructural and dimensional constraints: a comparative review. *Acta Materialia.* 1998, Bd. 46, 16, S. 5611-5626.

[5]   **Hall, E. O.** The deformation and ageing of mild steel: III discussion of results. *Proceedings of the Physical Society. Section B.* 1951, Bd. 64, 9, S. 747-753.

[6]   **Petch, N. J.** The cleavage strength of polycrystals. *Journal Iron Steel Institute.* 1953, Bd. 174, S. 25-28.

[7]   **Baker, S. P.** Plastic deformation and strength of materials in small dimensions. *Materials Science and Engineering: A.* 2001, Bd. 319, S. 16-23.

[8]   **Lu, N., Suo, Z. und Vlassak, J. J.** The effect of film thickness on the failure strain of polymer-supported metal films. *Acta Materialia.* 2010, Bd. 58, 5, S. 1679-1687.

[9]   **Meyers, M. A., Mishra, A. und Benson, D. J.** The deformation physics of nanocrystalline metals: Experiments, analysis, and computations. *JOM.* 2006, Bd. 58, 4, S. 41-48.

[10]   **Lewis, J.** Material challenge for flexible organic devices. *Materials Today.* 2006, Bd. 9, 4, S. 38-45.

[11] **Suo, Z., Vlassak, J. und Wagner, S.** Micromechanics of macroelectronics. *China Particuology.* 2005, Bd. 3, 6, S. 321-328.

[12] **Frank, S., Handge, U. A., Olliges, S. und Spolenak, R.** The relationship between thin film fragmentation and buckle formation: Synchrotron-based in situ studies and two-dimensional stress analysis. *Acta Materialia.* 2009, Bd. 57, 5, S. 1442-1453.

[13] **Handge, U. A.** Analysis of a shear-lag model with nonlinear elastic stress transfer for sequential cracking of polymer coatings. *Journal of Materials Science.* 2002, Bd. 37, 22, S. 4775-4782.

[14] **Xia, Z. C. und Hutchinson, J. W.** Crack patterns in thin films. *Journal of the Mechanics and Physics of Solids.* 2000, Bd. 48, 6, S. 1107-1131.

[15] **Beuth Jr, J. L.** Cracking of thin bonded films in residual tension. *International Journal of Solids and Structures.* 1992, Bd. 29, 13, S. 1657-1675.

[16] **Davis, J. R., Allen, P, Lampman, S. R., Zorc, T. B., Henry, S. D., Daquila, J. L., Ronke, A. W. , Jakel, J., O´Keefe, K. L. und Stedfeld, R. L.** Properties and selection: nonferrous alloys and special-purpose materials. [Buchverf.] ASM International Handbook Committee. *Metals handbook.* USA : ASM International, 1990, Bd. 2, S. 699.

[17] http://www2.dupont.com/Kapton/en_US/assets/downloads/pdf/ HN_datasheet.pdf. [Online] DuPont. [Zitat vom: 04. 07 2014.]

[18] **Li, T. und Suo, Z.** Deformability of thin metal films on elastomer substrates. *International Journal of Solids and Structures.* 2006, Bd. 43, 7, S. 2351-2363.

[19] **Hsia, K. J., Suo, Z. und Yang, W.** Cleavage due to dislocation confinement in layered materials. *Journal of the Mechanics and Physics of Solids.* 1994, Bd. 42, 6, S. 877-896.

[20] **Begley, M. R. und Bart-Smith, H.** The electro-mechanical response of highly compliant substrates and thin stiff films with periodic cracks. *International Journal of Solids and Structures.* 2005, Bd. 42, 18, S. 5259-5273.

[21] **Rösler, J., Harders, H. und Bäker, M.** *Mechanisches Verhalten der Werkstoffe.* Wiesbaden : B.G. Teubner Verlag, 2006. S. 337 - 344. ISBN-10 3-8351-0008-4.

[22] **Coffin, L. F.** A study of the effect of cyclic thermal stresses on a. *Transactions of the American Society for Testing and Materials.* 1954, Bd. 76, S. 931–950.

[23] **Manson, S. S.** Behavior of materials under conditions of thermal stress. *TN 2933: National Advisory Committee for Aeronautics.* 1953.

[24] **Basquin, O. H.** The exponential law of endurance tests. *Proceedings of the American Society for Testing and Materials.* 1910, Bd. 10, S. 625-630.

[25] **Kraft, O., Wellner, P., Hommel, M., Schwaiger, R. und Arzt, E.** Fatigue behavior of polycrystalline thin copper films. *Zeitschrift für Metallkunde.* 2002, Bd. 93, 5, S. 392-400.

[26] **Schwaiger, R. und Kraft, O.** Size effects in the fatigue behavior of thin Ag films. *Acta Materialia.* 2003, Bd. 51, 1, S. 195-206.

[27] **Wang, D., Volkert, C. A. und Kraft, O.** Effect of length scale on fatigue life and damage formation in thin Cu films. *Materials Science and Engineering: A.* 2008, Bd. 493, 1, S. 267-273.

[28] **Zhang, G. P., Volkert, C. A., Schwaiger, R., Wellner, P., Arzt, E. und Kraft, O.** Length-scale-controlled fatigue mechanisms in thin copper films. *Acta Materialia.* 2006, Bd. 54, 11, S. 3127-3139.

[29] **Mughrabi, H. und Höppel, H. W.** Cyclic deformation and fatigue properties of very fine-grained metals and alloys. *International Journal of Fatigue.* 2010, Bd. 32, 9, S. 1413-1427.

[30] **Perelaer, J., Smith, P. J., Mager, D., Soltman, D., Volkman, S. K., Subramanian, V., Korvink, J. G. und Schubert, U. S.** Printed electronics: the challenges involved in printing devices, interconnects, and contacts based on inorganic materials. *Journal of Materials Chemistry.* 2010, Bd. 20, 39, S. 8446-8453.

[31] **Blayo, A. und Pineaux, B.** Printing processes and their potential for RFID printing. [Hrsg.] ACM. *Proceedings of the 2005 Joint Conference on Smart Objects and Ambient Intelligence: Innovative Context-aware Services: Usages and Technologies.* 2005, S. 27-30.

[32] **Friederich, A., Binder, J. R. und Bauer, W.** Rheological Control of the Coffee Stain Effect for Inkjet Printing of Ceramics. *Journal of the American Ceramic Society.* 2013, Bd. 96, 7, S. 2093–2099.

[33] **Böhringer, J.** *Kompendium der Mediengestaltung : Produktion und Technik für Digital- und Printmedien.* Berlin, Heidelberg : Springer, 2011. ISBN 978-3-642-20582-8.

[34] **Wong, W. S., Chabinyc, M. L., Ng, T. N. und Salleo, A.** Materials and Novel Patterning Methods for Flexible Electronics. [Buchverf.] W. S. Wong und A. Salleo. *Flexible Electronics: Materials and Applications.* New York : Springer, 2009, S. 143-181.

[35] **Li, Y., Wu, Y. und Ong, B. S.** Facile synthesis of silver nanoparticles useful for fabrication of high-conductivity elements for printed electronics. *Journal of the American Chemical Society.* 2005, Bd. 127, 10, S. 3266-3267.

[36] **Kuo, C. Y.** Electrical applications of thin films produced by metallo-organic deposition. *Solid State Technology.* 1974, Bd. 17, 2, S. 49-55.

[37] **Vest, R. W.** Metallo-organic decomposition (MOD) processing of ferroelectric and electro-optic films: A review. *Ferroelectrics.* 1990, Bd. 102, S. 53-68.

[38] **Smith, P. J., Shin, D. Y., Stringer, J. E., Derby, B. und Reis, N.** Direct ink-jet printing and low temperature conversion of conductive silver patterns. *Journal of Materials Science.* 2006, Bd. 41, 13, S. 4153-4158.

[39] **Teng, K. und Vest, R.** Liquid ink jet printing with MOD inks for hybrid microcircuits. *IEEE Transactions on Components, Hybrids, and Manufacturing Technology.* 1987, Bd. 10, 4, S. 545-549.

[40] **Sekitani, T., Noguchi, Y., Hata, K., Fukushima, T., Aida, T. und Someya, T.** A rubberlike stretchable active matrix using elastic conductors. *Science.* 2008, Bd. 321, 5895, S. 1468-1472.

[41] **Rogers, J. A., Someya, T. und Huang, Y.** Materials and mechanics for stretchable electronics. *Science.* 2010, Bd. 327, 5973, S. 1603-1607.

[42] **Gates, B. D.** Flexible electronics. *Science.* 2009, Bd. 323, 5921, S. 1566-1567.

[43] **Chung, S., Lee, J., Song, H., Kim, S., Jeong, J. und Hong, Y.** Inkjet-printed stretchable silver electrode on wave structured elastomeric substrate. *Applied Physics Letters.* 2011, Bd. 98, 15, S. 153110-153110.

[44] **Lu, X. und Xia, Y.** Electronic materials: Buckling down for flexible electronics. *Nature Nanotechnology.* 2006, Bd. 1, 3, S. 163-164.

[45] **Robinson, A. P., Minev, I., Graz, I. M. und Lacour, S. P.** Microstructured silicone substrate for printable and stretchable metallic films. *Langmuir.* 2011, Bd. 27, 11, S. 4279-4284.

[46] **Burroughes, J. H., Bradley, D. D. C., Brown, A. R., Marks, R. N., Mackay, K., Friend, R. H., L., Burns P. und Holmes, A. B.** Light-emitting diodes based on conjugated polymers. *Nature.* 1990, Bd. 347, 6293, S. 539-541.

[47] **Haacke, G.** New figure of merit for transparent conductors. *Journal of Applied Physics.* 1976, Bd. 47, S. 4086-4088.

[48] **Paine, D. C., Yeom, H. Y. und Yaglioglu, B.** Transparent conducting oxide materials and technology. [Buchverf.] G. P. Crawford. *Flexible flat panel displays.* Brown University, USA : John Wiley & Sons Ltd., 2005, S. 79-98.

[49] **Wilken, S., Hoffmann, T., Von Hauff, E., Borchert, H. und Parisi, J.** ITO-free inverted polymer/fullerene solar cells: Interface effects and comparison of different semi-transparent front contacts. *Solar Energy Materials and Solar Cells.* 2012, Bd. 96, S. 141-147.

[50] **Bae, S., Kim, H., Lee, Y., Xu, X., Park, J. S., Zheng, Y., Balakrishnan, J., Lei, T, Kim, H. R., Song, Y. I., Y. J., Kim, Kim, K. S., Özyilmaz, B., Ahn, J. H., Hong, B. H. und Iijima, S.** Roll-to-roll production of 30-inch graphene films for transparent electrodes. *Nature Nanotechnology.* 2010, Bd. 5, 8, S. 574-578.

[51] **De, S. und Coleman, J. N.** Are there fundamental limitations on the sheet resistance and transmittance of thin graphene films? *ACS Nano.* 2010, Bd. 4, 5, S. 2713-2720.

[52] **Chun, K. Y., Oh, Y., Rho, J., Ahn, J. H., Kim, Y. J., Choi, H. R. und Baik, S.** Highly conductive, printable and stretchable composite films of carbon nanotubes and silver. *Nature Nanotechnology.* 2010, Bd. 5, 12, S. 853-857.

[53] **Lee, I., Lee, J., Ko, S. H. und Kim, T. S.** Reinforcing Ag nanoparticle thin films with very long Ag nanowires. *Nanotechnology.* 2013, Bd. 24, 41, S. 415704.

[54] **Rehahn, M.** Elektrisch leitfähige Kunststoffe: Der Weg zu einer neuen Materialklasse. *Chemie in unserer Zeit.* Bd. 37, 1, S. 18-30.

[55] **Chiang, C. K., Fincher, C. R., Park, Y. W., Heeger, A. J., Shirakawa, H., Louis, E. J., Gau, S. C. und MacDiarmid, A. G.** Electrical conductivity in doped polyacetylene. *Physical Review Letters.* 1977, Bd. 39, 17, S. 1098-1101.

[56] **Cairns, D. R. und Crawford, G. P.** Electromechanical properties of transparent conducting substrates for flexible electronic displays. *Proceedings of the IEEE.* 2005, Bd. 93, 8, S. 1451-1458.

[57] **Aernouts, T., Vanlaeke, P., Geens, W., Poortmans, J., Heremans, P., Borghs, S., Mertens, R., Andriessen, R. und Leenders, L.** Printable anodes for flexible organic solar cell modules. *Thin Solid Films.* 2004, Bd. 451, S. 22-25.

[58] **Galagan, Y., E., JM Rubingh J., Andriessen, R., Fan, C. C., WM Blom, P., C Veenstra, S. und M Kroon, J.** ITO-free flexible organic solar cells with printed current collecting grids. *Solar Energy Materials and Solar Cells.* 2011, Bd. 95, 5, S. 1339-1343.

[59] **Roman, L. S., Inganäs, O., Granlund, T., Nyberg, T., Svensson, M., Andersson, M. R. und Hummelen, J. C.** Trapping light in polymer photodiodes with soft embossed gratings. *Advanced Materials.* 2000, Bd. 12, 3, S. 189-195.

[60] **Kang, M. G., Kim, M. S., Kim, J. und Guo, L. J.** Organic solar cells using nanoimprinted transparent metal electrodes. *Advanced Materials.* 2008, Bd. 20, 23, S. 4408-4413.

[61] http://www.visionteksystems.co.uk/itopet_50.htm. [Online] Visiontek Systems Ltd. [Zitat vom: 02. 08 2013.]

[62] http://www.optomec.com/downloads/Optomec_AerosolJet_DataS heet.pdf. [Online] Optomec Inc. [Zitat vom: 06. 08 2013.]

[63] **Faglia, G., Comini, E., Sberveglieri, G., Rella, R., Siciliano, P. und Vasanelli, L.** Square and collinear four probe array and Hall measurements on metal oxide thin film gas sensors. *Sensors and Actuators B: Chemical.* 1998, Bd. 53, 1, S. 69-75.

[64] **Eberl, C.** http://www.mathworks.com/matlabcentral/fileexchange/12413-digital-image-correlation-and-tracking. [Online] 2010.

[65] **Kim, B.-J., Shin, H.-A-S., Jung, S.-Y., Cho, Y., Kraft, O., Choi, I.-S. und Joo, Y.-C.** Crack nucleation during mechanical fatigue in thin metal films. *Acta Materialia.* 2013, Bd. 61, 9, S. 3473-3481.

[66] **Kim, B.-J., Haas, T., Friederich, A., Lee, J.-H., Nam, D.-H., Binder, J., Bauer, W., Gruber, P., Choi, I.-S., Joo, Y.-C. und Kraft, O.** Improving mechanical fatigue resistance by optimizing the nanoporous structure of inkjet-printed Ag electrodes for flexible devices. *Nanotechnology.* 2014, Bd. 25, 12, S. 125706.

[67] **Lohmiller, J.** *Investigation of deformation mechanisms in nanocrystalline metals and alloys by in situ synchrotron X-ray diffraction.* [Hrsg.] KIT Scientific Publishing. Karlsruhe : Dissertation, 2012. ISBN 978-3-86644-962-6.

[68] **Lohmiller, J., Baumbusch, R., Kerber, M. B., Castrup, A., Hahn, H., Schafler, E., Zehetbauer, M., Kraft, O. und Gruber, P. A.** Following the deformation behavior of nanocrystalline Pd films on polyimide substrates using in situ synchrotron XRD. *Mechanics of Materials.* 2013, Bd. 67, S. 65-73.

[69] **Olliges, S., Gruber, P. A., Auzelyte, V., Ekinci, Y., Solak, H. H. und Spolenak, R.** Tensile strength of gold nanointerconnects without the influence of strain gradients. *Acta Materialia.* 2007, Bd. 55, 15, S. 5201-5210.

[70] **Hommel, M., Kraft, O. und Arzt, E.** A new method to study cyclic deformation of thin films in tension and compression. *Journal of Materials Research.* 1999, Bd. 14, 6, S. 2373-2376.

[71] **De Keijser, T. H., Langford, J. I., Mittemeijer, E. J. und Vogels, A. B. P.** Use of the Voigt function in a single-line method for the analysis of X-ray diffraction line broadening. *Journal of Applied Crystallography.* 1982, Bd. 15, 3, S. 308-314.

[72] **Toraya, H.** Array-type universal profile function for powder pattern fitting. *Journal of Applied Crystallography.* 1990, Bd. 23, 6, S. 485-491.

[73] **Kim, K. S., Lee, Y. C., Kim, J. W. und Jung, S. B.** Flexibility of silver conductive circuits screen-printed on a polyimide substrate. *Journal of Nanoscience and Nanotechnology.* 2011, Bd. 11, 2, S. 1493-1498.

[74] **Cairns, D. R., Witte, R. P., Sparacin, D. K., Sachsman, S. M., Paine, D. C., Crawford, G. P. und Newton, R. R.** Strain-dependent electrical resistance of tin-doped indium oxide on polymer substrates. *Applied Physics Letters.* 2000, Bd. 76, 11, S. 1425-1427.

[75] **Leterrier, Y., Médico, L., Demarco, F., Manson, J.-A. E., Betz, U., Escolà, M. F., Kharrazi Olsson, M. und Atamny, F.** Mechanical integrity of transparent conductive oxide films for flexible polymer-based displays. *Thin Solid Films.* 2004, Bd. 460, 1-2, S. 156-166.

[76] **Rebouta, L., Rubio-Peña, L., Oliveira, C., Lanceros-Mendez, S., Tavares, C. J. und Alves, E.** Strain dependence electrical resistance and cohesive strength of ITO thin films deposited on electroactive polymer. *Thin Solid Films.* 2010, Bd. 518, 16, S. 4525-4528.

[77] **Chen, Z., Cotterell, B. und Wang, W.** The fracture of brittle thin films on compliant substrates in flexible displays. *Engineering Fracture Mechanics.* 2002, Bd. 69, 5, S. 597-603.

[78] **Triambulo, R. E., Kim, J. H., Na, M. Y., Chang, H. J. und Park, J. W.** Highly flexible, hybrid-structured indium tin oxides for transparent electrodes on polymer substrates. *Applied Physics Letters.* 2013, Bd. 102, S. 241913.

[79] **Königer, T. und Münstedt, H.** Coatings of indium tin oxide nanoparticles on various flexible polymer substrates: Influence of surface topography and oscillatory bending on electrical properties. *Journal of the Society for Information Display.* 2008, Bd. 16, 4, S. 559-568.

[80] **Park, S. K., Han, J. I., Moon, D. G. und Kim, W. K.** Mechanical stability of externally deformed indium-tin-oxide films on polymer substrates. *Japanese Journal of Applied Physics.* Bd. 42, 2A, S. 623-629.

[81] **Peng, C., Jia, Z., Neilson, H., Li, T. und Lou, J.** In Situ Electro-Mechanical Experiments and Mechanics Modeling of Fracture in Indium Tin Oxide-Based Multilayer Electrodes. *Advanced Engineering Materials.* 2012, Bd. 15, 4, S. 250-256.

[82] **Gleskova, H., Cheng, I. C., Wagner, S., Sturm, J. C. und Suo, Z.** Mechanics of thin-film transistors and solar cells on flexible substrates. *Solar Energy.* 2006, Bd. 80, 6, S. 687-693.

[83] **Kim, K. S., Lee, Y. C., Ahn, H., J. und Jung, S. B.** Evaluation of the flexibility of silver circuits screen-printed on polyimide with an environmental reliability test. *Journal of Nanoscience and Nanotechnology.* 2011, Bd. 11, 7, S. 5806-5811.

[84] **Lacour, S. P., Jones, J., Wagner, S., Li, T. und Suo, Z.** Stretchable interconnects for elastic electronic surfaces. *Proceedings of the IEEE.* 2005, Bd. 93, 8, S. 1459-1467.

[85] **Lewis, J., Grego, S., Chalamala, B., Vick, E. und Temple, D.** Highly flexible transparent electrodes for organic light-emitting diode-based displays. *Applied Physics Letters.* 2004, Bd. 85, 16, S. 3450-3452.

[86] **Lohmiller, J., Woo, N. C. und Spolenak, R.** Microstructure-property relationship in highly ductile Au-Cu thin films for flexible electronics. *Materials Science and Engineering: A.* 2010, Bd. 527, 29, S. 7731-7740.

[87] **Sim, G.-D., Won, S., Jin, C.-y., Park, I., Lee, S.-B. und Vlassak, J. J.** Improving the stretchability of as-deposited Ag coatings on poly-ethylene-terephthalate substrates through use of an acrylic primer. *Journal of Applied Physics.* 2011, Bd. 109, 7, S. 073511-073511.

[88] **Lu, N., Wang, X., Suo, Z. und Vlassak, J.** Failure by simultaneous grain growth, strain localization, and interface debonding in metal films on polymer substrates. *Journal of Materials Research.* 2009, Bd. 24, 2, S. 379-385.

[89] **Hu, K., Cao, Z. H., Wang, L., She, Q. W. und Meng, X. K.** Annealing improved ductility and fracture toughness of nanocrystalline Cu films on flexible substrates. *Journal of Physics D: Applied Physics.* 2012, Bd. 45, 37, S. 375305.

[90] **Kim, S., Won, S., Sim, G.-D., Park, I. und Lee, S.-B.** Tensile characteristics of metal nanoparticle films on flexible polymer substrates for printed electronics applications. *Nanotechnology.* 2013, Bd. 24, 8, S. 085701.

[91] **Sim, G.-D., Won, S. und Lee, S.-B.** Tensile and fatigue behaviors of printed Ag thin films on flexible substrates. *Applied Physics Letters.* 2012, Bd. 101, 19, S. 191907.

[92] **Greer, J. R. und Street, R. A.** Mechanical characterization of solution-derived nanoparticle silver ink thin films. *Journal of Applied Physics.* 2007, Bd. 101, 10, S. 103529-103529.

[93] **Lee, I., Kim, S., Yun, J., Park, I. und Kim, T.-S.** Interfacial toughening of solution processed Ag nanoparticle thin films by organic residuals. *Nanotechnology.* 2012, Bd. 23, 48, S. 485704.

[94] **Yi, S.-M., Jung, J.-K., Choi, S.-H., Kim, I., Jung, H. C., Joung, J. und Joo, Y.-C.** Effect of microstructure on electrical and mechanical properties: Impurities of inkjet-printed Ag and Cu interconnects. *Electronic Components and Technology Conference.* 2008, S. 1277-1281.

[95] **Xiang, Y., Li, T., Suo, Z. und Vlassak, J. J.** High ductility of a metal film adherent on a polymer substrate. *Applied Physics Letters.* 2005, Bd. 87, 16, S. 16191.

[96] **Morrow, D. J.** Cyclic plastic strain energy and fatigue of metals. In: Internal friction, damping and cyclic plasticity. *ASTM STP 378.* 1965, S. 45-87.

[97] **Landgraf, W. R.** The resistance of metals to cyclic deformation. In: Achievement of high fracture resistance in metals and alloys. *ASTM STP 467.* 1970, S. 3-36.

[98] **Christ, H.-J.** *Wechselverformung von Metallen.* Berlin : Springer-Verlag, 1991. S. 6-9. ISBN 3-540-53962-X.

[99] **Williamson, G. K. und Hall, W. H.** X-ray line broadening from filed aluminium and wolfram. *Acta Metallurgica.* 1, 1953, Bd. 1, S. 22-31.

Danksagung

Diese Arbeit ist im Rahmen einer Promotion am Karlsruher Institut für Technologie angefertigt worden und war im Subtopic „Printed Materials and Systems" des Helmholtz-Programms „Science and Technology of Nanosystems" eingebettet. Zugehörig war diese Arbeitsstelle zum IAM-WBM (Institut für Angewandte Materialien, Werkstoff- und Biomechanik), dessen Aufgabe in diesem Projekt die mechanische Charakterisierung von gedruckten Proben der anderen Projektpartner war. Aber auch außerhalb dieses Programms wurden Kooperationen aufgebaut. Die folgenden Seiten sind daher zum Dank all denen gewidmet, ohne die ein Gelingen dieser Arbeit kaum denkbar gewesen wäre.

Prof. Oliver Kraft danke ich für das Angebot, an seinem Institut arbeiten zu können, das ich sehr gerne angenommen habe, und für die Übernahme des Hauptreferats. Durch seine Gesprächs- und Hilfsbereitschaft konnten alle grundlegenden Probleme während meiner Tätigkeit aus dem Weg geräumt werden. Prof. Karsten Durst danke ich für die freundliche Übernahme des Korreferats.

Dr. Patric Gruber gilt mein Dank für die Betreuung der Arbeit, die guten Gespräche und die Freiheit, viele eigene Akzente setzen zu können. Durch seine Unterstützung konnte ich an zahlreichen Konferenzen und Strahlzeiten teilnehmen. Seiner großen Expertise im Bereich synchrotron-basierter Messungen ist es zudem zu verdanken, dass derartige Ergebnisse überhaupt Einzug in diese Arbeit gefunden haben.

Herrn Felix Nickel und seinem Betreuer Dr. Alexander Colsmann vom Lichttechnischen Institut (LTI) danke ich für die Herstellung der Proben mit metallorganischer Tinte und die einfach tolle

Zusammenarbeit. Nur durch die von Felix Nickel entwickelten Herstellungsverfahren konnten tintenbasierte Schichten mit Schichtdicken um 35 nm überhaupt erst untersucht werden.

Herrn Andreas Friederich, Dr. Joachim Binder und Dr. Werner Bauer vom Teilinstitut Werkstoffprozesstechnik danke ich für das Drucken der Schichten aus nanopartikulärer Tinte und die vielen hilfreichen Diskussionen.

Herrn Ralph Eckstein und Dr. Norman Mechau vom InnovationLab danke ich für die Anfertigung der gedruckten Silbergrids und die Möglichkeit, durch das InnovationLab Einblick in die industrielle Fertigung von gedruckter Elektronik zu gewinnen. Dr. Norman Mechau unterstützte mich insbesondere in der Anfangsphase meiner Arbeit, aus der sich viele gute Kooperationen gebildet haben.

Prof. Marc Kamlah gilt mein Dank für die Unterstützung meiner Anliegen im Helmholtz-Programm, Dr. Reiner Mönig für die Hilfe bei der Anfertigung der *in-situ* Apparaturen. Ganz besonderen Dank möchte ich auch Herrn Ewald Ernst bekunden, der mir bei allen technischen Anfertigungen mit Rat und Tat zur Seite stand.

Dr. Byoung-Joon Kim danke ich für die Einweisung in die Kunst der Biegeermüdung und die vielen hilfreichen fachlichen Gespräche, Dr. Jochen Lohmiller für die gute Gesellschaft am Synchrotron und die Bewältigung der daraus resultierenden Daten mittels Matlab. Erwähnt werden sollen hier auch die Mitarbeiter am Synchrotron SLS in Villigen in der Schweiz für die gute Unterstützung während der Strahlzeit.

Vielen Dank auch meinen Kollegen Manuel, Michael Z., Michael S., Iris, Nicola, Julia, Stefan, Charlotte, Luis, Mark, Nilesha, Jens, Moritz, Matthias, Jochen, Bartek, Daniel, Anke, Karsten, Felipe, Wiebke, Holger, Rudolf und allen anderen für die wunderbare

Zeit. Ich habe mich in eurer Gesellschaft rundum wohl gefühlt und verlasse euch nur ungern am Institut.

Ich danke auch den Steuerzahlern für die Finanzierung meiner Stelle. Ich hoffe ich konnte mir meiner Forschung einen kleinen Beitrag zum Allgemeinwohl beitragen und bin mir dieser Verantwortung auch weiterhin bewusst.

Meinen Eltern danke ich für die immerwährende Unterstützung. Besonderer Dank gilt meiner Mutter, die mir bei der Rechtschreibung dieser Arbeit und überhaupt immer zur Seite stand. Bei meinem besten Freund Steven Koch möchte ich mich für die Hilfe in allen seelischen Notlagen bedanken.

Schriftenreihe
des Instituts für Angewandte Materialien

ISSN 2192-9963

Die Bände sind unter www.ksp.kit.edu als PDF frei verfügbar
oder als Druckausgabe bestellbar.